すごいぜ!!
動物スポーツ選手権

ANIMAL
SPORTS
CHAMPIONSHIP

新宅広二 著
イケガメシノ
イシダコウ 絵

辰巳出版

はじめに

オリンピックや、サッカーワールドカップ、野球のWBCなどなど、さまざまなスポーツ競技で、選手たちが日頃の練習の成果を発揮する姿を見ていると、「人間も動物に負けてないじゃん！」と言いたくなるほど、美しく力強い姿に感動します。

それと同時に、動物たちのものスゴい能力や、生態、びっくりするような行動を見ていると、そのまま〝動物〟の世界にとどめておくのはもったいないという気持ちになります。

それならば、人間と同じように、動物たちも競技をしてみたらどうなるのだろうか？　そんな思いつきから、この企画はスタートしました。

人間におけるスポーツの最大の魅力は、「本番で練習通りの成果を出せるのか？」あるいは「練習以上のとんでもない記録を出せるのか？」というメンタルの部分にドラマがあること。それは、動物たちの世界でも同じです。

北極
南極

チーターの時速120㎞とか、カンガルーの跳躍12ｍといったスペックだけでなく、そういう力を〝ここぞ〟というときに出せるのかどうかが問題なのです。

それらの野生動物の生態や動物心理、能力に基づいて、人間のスポーツという舞台を使い、選手の選考委員になった気分で、この架空のスポーツイベントに参加する動物たちを選定し、競技結果も遊び心を交えながら予測してみました。

みなさんも、この本を通して、ときに観客に、ときに監督になったつもりで、おバカな妄想を楽しんでみてください！　人間のスポーツ競技と同じように、真剣に競技に挑む動物たちの姿は、勝っても負けても、私たちの心をとらえてはなさない感動を与えてくれるはずです。

新宅広二

もくじ

第1章 陸上競技

2 第2章 水上競技

3 第3章 屋内競技

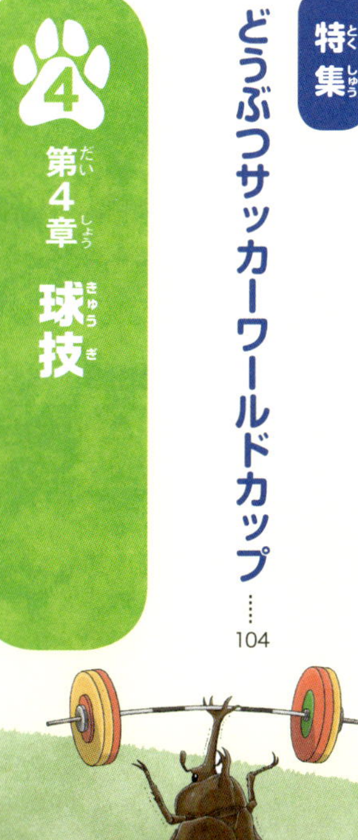

第4章 球技

6 第6章 冬季競技

ドウブツスポーツ
Doubutsu Sports News

ガチ勝負！ 動物スポーツ選手権 開幕

全世界の動物たちが集い 人間のスポーツ競技を通して とにかく真剣に競い合う

人間たちは、野生動物のすぐれた運動能力にあこがれ、そこに一歩でも近づくために、肉体を鍛え上げスポーツ競技として競い合ってきました。動物界からは「本当の野生の力を見せてやる」と勇ましい声が各方面からあがり、本大会が実現。3度目となる今大会を総力取材しました。

今世紀最大規模！！
動物とスポーツの祭典！！
Animal Sports Championship

20XX年X月XX日

よろしく
おう

『かちかち山』のタヌキ選手からボノボ選手へ。

六輪
聖火リレー

六輪聖火リレー

普通の動物は本能で火を恐がる？

火が好きな動物が聖火を運んでいく

各地の市民からの公募で聖火リレーのランナーが選ばれました。ライターで焚き火をするボノボさん（米国）、山火事が好きなトビさん（豪州）、高温を使いこなすミイデラゴミムシさん（日本）らが聖火をつないでいきます。

遠吠えはどこまで聞こえるか！？

オオカミ ヤバい声量 選手宣誓！？

ものすごい声量のオオカミの遠吠え会場を沸かせる

開会式では、動物選手代表のオオカミ選手によって、宣誓が行われました。「宣誓！　われわれ動物は、本能にのっとり、正々堂々と闘うことを誓います！」の言葉の後、どこまでも届く遠吠えで会場を沸かせました。オオカミ選手は、その身体能力の高さゆえに、本大会での出場競技数は最多となっています。

オオカミ選手

チーター 世界新 100m3秒台の壁 越えるか？

陸上界と水泳界の注目選手 チーターとアマガエルの頑張りに期待！

陸上競技の100m走は話題騒然となっています。無敵の連覇中のチーター選手は、今大会も優勝は疑いようがありませんが、100m走の記録で3秒台の壁を破れるかどうかに世界中の人々の注目が集まっています。スタジアムは、チーターを応援する、トレードマークの眼の下のアイブラックを模したファンで埋め尽くされるでしょう！

体力のなさが不安材料

金メダル最有力！ アマガエル

競泳・平泳ぎ

競泳における注目は平泳ぎのアマガエル選手。口が重く、マスコミ嫌いで有名ですが、練習・コンディションは万全。前大会の金メダル受賞のコメントの際に、流行語にもなった「チョー、きもちいい！」というコメントを、再び聞けるのでしょうか？

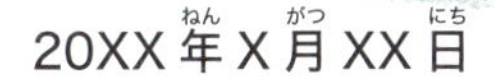
20XX年X月XX日

注目種目！スポーツクライミング

今大会から追加
話題の新競技
が目白押し！

世界王者の
ゲラダヒヒ選手

サル界のトレンドリーダー！

崖のぼりの名手が世界中から集まる

今大会の新種目の競技の中で最も盛り上がるのがスポーツクライミングです。体験イベントにもチビッコたちが列をなしています。

3連覇をかける！カラカルトランポリン

絶望的なケガから
奇跡の
復活をとげて挑戦！

集中力を高めて最高のジャンプを！

最も大きな関心を集める屋内競技のひとつがトランポリン。特に、カラカル選手が3連覇を達成できるかどうかに期待が寄せられています。試合直前に、ミュージカル『キャッツ』の曲を聴き、集中力を高めているといいます。

スクープ!

ヒグマ選手♂とシロクマ選手♀まさかの結婚か!?

「金メダル間違いなし」の呼び声高いアスリートカップルの動向に話題沸騰!?

激写され怒るヒグマ選手。

週刊誌のスキャンダル、ヒグマ選手(♂)とシロクマことホッキョクグマ選手(♀)の結婚報道が話題になっています。正式コメントでは否定も肯定もしていないことから、連日選手村まで記者が押しかけ取材合戦が過熱。競技への影響を心配して、取材の自粛を呼びかけていますが、スター選手カップルだけに一向に収まる様子はありません。

「白黒つける」ファン大ショック! クマっちゃう

平和の象徴ハト聖火で丸焼き事件か!?

チケットを買えなかったハトたちが、聖火台からタダ見をしていることが問題になっています。聖火で丸焼きにならないよう、注意を呼びかけています。

20XX年X月XX日

ダメ！ゼッタイ！出場選手にドーピング疑惑

興味半分で手を染めた結果 やめられない止まらない事態に発展！

スポーツ選手の間でドーピングが深刻化

フサオマキザル選手やイノシシ選手は、幻覚性のある毒キノコを常食の疑いがある。また、毒性のある薬物を服用する、フグ選手、ヤドクガエル選手が1年間の出場停止処分。イルカ選手にも、毒物服用の容疑がかかる。

「キノコ？　確かに食べるとクラクラするのあったかも」と話すイノシシ選手。

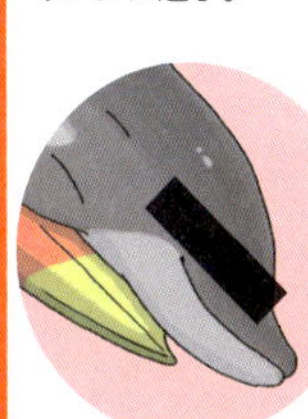

少量のフグ毒を仲間と悪用して、楽しんでいる疑いがもたれるイルカ選手。

ドウブツスポーツ新聞社
総力特集
冬季動物スポーツ選手権
同時開催！
冬眠している場合じゃない！
ヒヨケザル
世界新更新か！
スキージャンプ
課題は着地の精度にある

豪華ゲストによる盛大なイベントで冬季大会も開幕！

冬季動物スポーツ選手権の開幕式が行われ、歌手のホエザルを始めとした豪華ゲストによるパフォーマンスが喝采をあびていました。競技の見どころは満載ですが、最も注目されている競技のひとつがスキージャンプ。中でも前回大会の王者であるヒヨケザル選手に注目が集まります。南国出身であるため、寒冷地で開催される競技において、多くのアナリストは、実力を発揮できるのかどうか疑問視しています。しかし、母国の練習ではラージヒルのK点超えの記録を出しており絶好調。特大ジャンプによる大会新記録が期待されています。

20XX年X月XX日

反則ぎりぎり

クズリ 金なるか?

ショートトラックスピードスケート

選手から監督へ
パワハラ疑惑?!
被害者の会告訴へ

マナーの悪さは有名だ

氷上で展開する熱き戦いに注目!

ショートトラックスピードスケートでは、豪快なすべりで注目を集めるクズリ選手が出場します。金メダルが有力視されますが、勝つためには手段を選ばず、反則ぎりぎりの手を使ってくることも。

さらに、パワハラ問題も浮上。いろいろな意味で注目度が高い選手です。一方、フィギュアスケートでは、世界中の女性ファンを魅了したニホンザル選手が出場。美への追究と、高い演技力・技術点で、歴代最高得点も夢ではありません。ファンの熱気が氷を溶かすほど盛り上がっています!

ドウブツスポーツ新聞社

4年に一度のサッカーの祭典

どうぶつワールドカップ

ファン待望の攻撃的なサッカー

サッカーの頂点を決める4年に一度のW杯。スター選手揃いで、サッカーファンは早くもヒートアップしています!

今大会で特に注目を集めるのはアフリカ代表です。チーター選手、リカオン選手といった俊足フォワードを活かした、攻撃的なサッカーを展開。アジア・豪州代表は、モウコノウマ選手、キョン選手による速攻サイドアタックの超攻撃布陣で臨みます。

守備も固いアフリカ代表

組織力の高いヨーロッパ代表

実力が均衡する5チームで決戦

さらに、守護神ホッキョクグマ選手を筆頭とした鉄壁の守りのヨーロッパ代表。堅実な闘い方をしかけてくる北中米代表や、超個人技のファンタジスタ揃いの南米代表も見逃せません。戦力は拮抗しており、どこが優勝してもまったくおかしくありません。

手堅いサッカーが特徴の北中米代表

魅せるサッカーで話題の南米代表

20XX年X月XX日

ついに頂上決戦！ ワールド・ベースボール・クラシック どうぶつWBC

連覇ねらうアメリカ代表VS 王者奪還なるか？日本代表

アメリカ代表
コスタリカ代表
韓国代表
日本代表

4強の死闘がついに始まる！

野球の世界一を決めるWBCもいよいよ大詰め！　今大会の決勝トーナメントに出場が決まったのは、アメリカ代表、日本代表、韓国代表、コスタリカ代表の4強です。アメリカ代表の主砲のオオカミ選手、日本代表のエースであるニホンザル選手、韓国代表のパワフルな打撃に定評のあるチョウセントラ選手、コスタリカ代表の一本足打法のベニイロフラミンゴ選手など、いずれも実力のある個性派選手を揃えてきました。中でも注目はメジャー選手も全員参加する前大会の覇者であるアメリカ代表と、前々回の優勝国である日本代表における直接対決。順調に勝ち進めば、この2チームで優勝をかけた決勝戦が行われる予定です。チケットはネットで50倍の値がついています。

この本の楽しみ方

主な出場選手

次のように競技結果を予測します。

◎金の本命

○金または銀？

▲銀または銅？

△銅ねらえる？

競技の予測

注目選手やライバルの能力を分析し、勝負のゆくえを予測します。

競技種目

このページで紹介する競技種目の名前と特徴についてです。

陸上競技 | 競技種目 マラソン

Athletics | Marathon

42.195kmを走る競技で、ギリシャの戦で勝利を伝えるためにヒトが走った距離が起源。

動物界最長の移動能力を持つ渡り鳥！

3万2000kmの練習を積んでいるよ
注目選手

金メダルの大本命！

キョクアジサシ

選手プロフィール

速さ　根性　暑さ耐性　体力　方向感覚

出身地　北極

食生活　魚にかたよりがち

性格分析　先祖代々方向音痴

汗で体温を下げる機能がない毛皮に包まれた動物たちにとっては、マラソンは熱中症による死と隣り合わせの最も危険な競技。そんな中の注目選手は、日頃の練習が最もタフなキョクアジサシ選手だ。**1年で北極と南極を3万2000kmも往復する練習を毎年積んでおり**、長距離の練習量でこれを上回る動物はいない。まれに日本を合宿地に選んで立ち寄ると、ヒトのファン（バードウォッチャー）が殺到する。

26

陸上競技

主な出場選手

◎キョクアジサシ（3万2000km）

○ヌー（5000km）

▲シマウマ（500km）

△コウテイペンギン（200km）

予想

迷子にならないかが勝敗を分けるカギ

キョクアジサシ選手は、試合当日に**練習の成果を出せるかが勝負のカギとなる**。毎年北極と南極の最短距離を移動しているわけではなく、途中、道草をくったり、気まぐれにルートを変えたり、**迷子になるなどの不安材料もある。**

そんなキョクアジサシ選手の対抗馬として注目されるのが、スピードは遅いが毎年5000kmもの移動の練習をしているアフリカ出身のヌー選手だ。彼らは、ひとつの群れで数万頭いるので、選手層も厚い。

結果

ゴールを飛び越えて

さあ動物マラソン！金メダルに輝くのは誰か？
ピュー
ドドドドド
優勝いただき!! どこまでも飛んでいけるぜ
…おや？ キョクアジサシ選手が見当たりませんね
ピュ〜〜…
飛びすぎた… ここ、どこ…!?

金 ヌー

銀 シマウマ

銅 コウテイペンギン

キョクアジサシ選手、方向音痴のため、ゴールにたどり着けません

地道にコツコツ進んだヌー選手が勝利です！

ちなみにヒトの記録は？　2014年　デニス・キプルト・キメット（ケニア）の2時間2分57秒。

27

競技の結果

競技がどのような結果になったかを紹介します。

はみだし情報

人間のスポーツの記録や、さらにこの競技を深く知るための情報です。

マンガ

どのように競技が行われたか、その様子をマンガで表しています。

注目選手

この競技の勝負の決め手と注目動物についての情報です。

注意

この本は、さまざまな動物たちの習性や特徴に基づいて、スポーツにチャレンジしてもらう、**仮想の動物エンターテインメント本です。**実際には動物の構造上ラケットを手に握れないのに握っていたり、サイズ感が大きく異なる動物のバトルが繰り広げられたりすることもありますが、その点につきましては、**おおらかな心で受け入れていただき、寛大なる想像力**で楽しんでいただけたら幸いです。

1
第1章
陸上競技
Athletics
陸上を舞台に、「走る」「跳ぶ」「投げる」といった能力を限界まで磨き上げた、陸上を代表する最強の動物たちが競い合う！

陸上競技 | 競技種目

100m走

Athletics | 100m Short Track

100mを走って順位を競う。ヒトの場合10秒程で勝負がつく注目の競技。

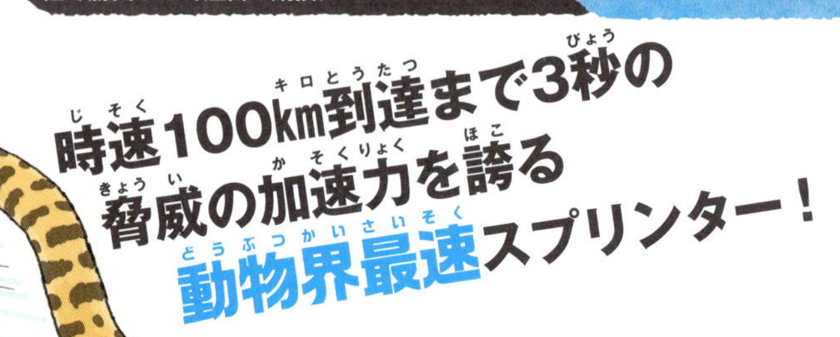

時速100km到達まで3秒の
脅威の加速力を誇る
動物界最速スプリンター！

注目選手

爪からして、違うからね

「金」最有力候補

チーター

選手プロフィール

速さ	■■■■■	根性	■■□□□
加速	■■■■■	体力	■□□□□
故障	■□□□□		

出身地 ケニヤ

食生活 お肉ばっかり

性格分析 内気な肉食系

速く走るということは、すべての動物にとって究極の夢。獲物を捕まえたり、敵から逃げるのに、最も重要な能力だ。この競技の注目は、アフリカ出身のチーター選手。**最高速度は余裕で時速120kmを叩きだす。**短距離走において最も重要なのは最高速度ではなく加速力だ。**チーター選手は時速100kmに到達するまでに3秒。**この爆発的な加速力を出せるものは地球上でチーター以外にいない。

スクープ！ チーター獲物を奪われる!?

チーター選手の狩りの成功率は、ネコ科最高の40％だ。しかしハイエナなどに獲物を横取りされ、結局、食べられなかった率が70％もある。速く走れるがケンカに弱いので、毎回ハイエナなどのチンピラに奪われてしまっているのだ。また、ヒョウのように木に獲物を持ち上げる筋力は無いので、恐喝される前にあわてて食べ始めるため、実は太りやすい。

関係者のコメント

コーチより

練習中は、いつもヒヤヒヤしているよ。骨が軽量化されていて、骨折しやすいんだ。

業界関係者より

チーター選手は、逃げる獲物の後ろ足をつかんで転ばせ捕まえるから、時速100㎞以上でも自分の前足を浮かせて走れるんだよね。

練習風景

もー
つかれた〜
1本目

胴の長さ以上の長い尻尾でバランスが取れるために、高速のまま直角ターンもできる。ただし、一度に走れるのは60秒ほど。

世界記録の3.07秒の保持者ですからねぇ。順当にいけば、チーター選手の金メダルは間違いないでしょう

ライバルは自分自身と言えますね

予想

短距離を走るための最高のスペックを誇る

チーター選手の速さには、いくつものヒミツが隠されている。ネコ科のくせに**爪が引っこまない特製“スパイク”をはいており**、スタート時に爪の出し入れの時間も惜しむこだわりぶり。走り方は、背骨が大きくしなるフォームで、**脚のストライド(歩幅)がとても広く、1歩で7mもの距離を進むことができる。**

高速すぎて風圧で眼が乾燥しないように涙量が多く、**眼の下に黒いアイブラックがネコ科で唯一ある**のが大きな特徴で、眩しくても目標の獲物にピントを合わせられる。チーターの外見を見分ける特徴でもあり、アイブラックの無いヒョウと間違えられると、かなりムッとする。唯一の弱点はスタミナが無いことだが、一発勝負なら、金はほぼ間違い無いだろう。

主な出場選手
◎チーター(時速120km)
○プロングホーン(時速95km)
▲タテガミオオカミ(時速90km)
△ハネジネズミ(時速30km)
あーあ、パイナップル食べたいなぁ
タテガミオオカミ
体さえ大きければ、俺の方が速いのに
ハネジネズミ
草食動物界では私の右に出るものはいない
プロングホーン
走ることに、すべてを賭けてきたんだ
チーター

金 プロングホーン
銀 タテガミオオカミ
銅 チーター

結果

フライングでもうフラフラ

100m走
位置について〜
よーい
ド…
ビュン
楽勝だぜ!!

…はい、チーター
選手フライング
で〜す
!?
ちょっと
早いんだよ〜

やりなおし!
位置について〜
よーいドン!
ヘロヘロ〜
あかん…
さっきので
スタミナが…
チーターも
たいしたこと
ないな…

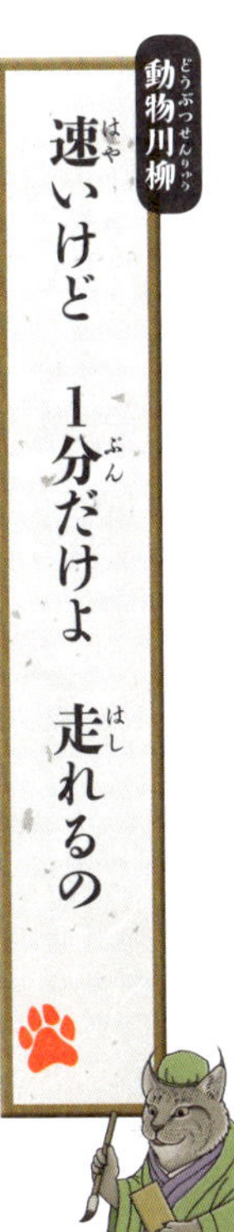
動物川柳
速いけど
1分だけよ
走れるの

ちなみにヒトの記録は？ 2009年 ウサイン・ボルト（ジャマイカ）の9秒58。ヒトの場合、10秒を切ると世界トップランクの仲間入りとなる。

陸上競技 | 競技種目

マラソン

Athletics | Marathon

42.195kmを走る競技で、ギリシャの戦で勝利を伝えるためにヒトが走った距離が起源。

動物界最長の移動能力を持つ渡り鳥！

北極⇄南極
3万2000kmの練習を積んでいるよ

注目選手

金メダルの大本命！

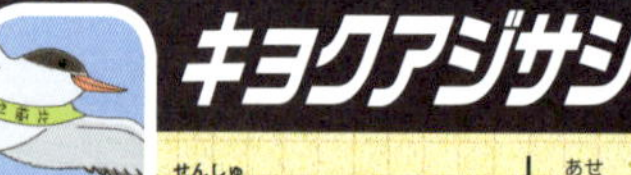

キョクアジサシ

選手プロフィール

速さ	■■■□□	根性	■■■□□
寒さ耐性	■■■□□	体力	■■□□□
方向感覚	■□□□□		

出身地 北極

食生活 魚にかたよりがち

性格分析 先祖代々方向音痴

汗で体温を下げる機能がない毛皮に包まれた動物たちにとっては、マラソンは熱中症による死と隣り合わせの最も危険な競技。そんな中の注目選手は、日頃の練習が最もタフなキョクアジサシ選手だ。**1年で北極と南極を3万2000kmも往復する練習を毎年積んでおり**、長距離の練習量でこれを上回る動物はいない。まれに日本を合宿地に選んで立ち寄ると、ヒトのファン（バードウォッチャー）が殺到する。

予想

迷子にならないかが勝敗を分けるカギ

キョクアジサシ選手は、試合当日に**練習の成果を出せるかが勝負のカギ**となる。毎年北極と南極の最短距離を移動しているわけではなく、途中、道草をくったり、気まぐれにルートを変えたり、**迷子になるなどの不安材料もある。**

そんなキョクアジサシ選手の対抗馬として注目されるのが、スピードは遅いが毎年5000kmもの移動の練習をしているアフリカ出身のヌー選手だ。彼らは、ひとつの群れで数万頭いるので、選手層も厚い。

主な出場選手

◎キョクアジサシ（3万2000km）
○ヌー（5000km）
▲シマウマ（500km）
△コウテイペンギン（200km）

結果

ゴールを飛び越えて

さあ動物マラソン！金メダルに輝くのは誰か？
ピューーー
優勝いただき!!どこまでも飛んでいけるぜ
ドドドドドド

…おや？キョクアジサシ選手が見当たりませんね
ピュ〜〜〜〜…
飛びすぎた…ここ、どこ…!?
?

金 ヌー
銀 シマウマ
銅 コウテイペンギン

キョクアジサシ選手、方向音痴のため、ゴールにたどり着けません

地道にコツコツ進んだヌー選手が勝利です！

ちなみにヒトの記録は？ 2014年 デニス・キプルト・キメット（ケニア）の2時間2分57秒。

陸上競技 | 競技種目 **競歩**

Athletics | Walking Race

陸上競技最長の50kmを歩き速さを争う。左右どちらかの足が常に地面についていないといけない。

注目選手

足が無くても時速20km ヘビ界最速の最恐毒ヘビが参戦！

俺の前に出たヤツは思いっきり噛んでやるぜ！

完走できれば「金」もねらえる！

ブラックマンバ

選手プロフィール

速さ	3/5	執念	5/5
凶暴性	3/5	体力	2/5
毒パワー	5/5		

出身地 タンザニア

食生活 ネズミと小鳥ばっかり

性格分析 友達ができないタイプ

競歩は、「歩く」とは言っても、実際にはかなり速いスピードで移動する。注目のブラックマンバ選手は、暑さに強いだけでなく、**ヘビ界最速の時速20km近いスピードを叩きだす**。ヘビの中で最も気性が荒く勝ち気なので、出会うと猛スピードでかなりの距離をしつこく追いかけてくる。競歩は足のかかとが着いていないと失格になるが、初めから**足が無いので、失格になることはない**。

予想

ポテンシャルは高いが気性の荒さに不安あり

ブラックマンバ選手は、空腹やノドの乾きに強く、競技中の数時間どころか、**1ケ月くらい食事をしなくても、激しい運動が可能だ。**心配材料は、ヘビ界最恐と言われる神経毒を持っていること。この神経毒は痛み止めなどにも使用されるため、ドーピング検査に引っかからないかどうかも心配だ。一方、ひそかな注目選手としては、歩く距離とスピードには不安があるものの、アフリカ出身のケヅメリクガメ選手の歩くフォームは出場選手中、最も美しい。

主な出場選手
◎カバ
○ブラックマンバ
▲ウォンバット
△ラクダ

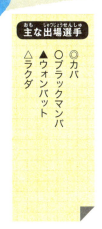

結果

俺の前に道はナシ！

競歩はゴール手前デッドヒート〜!!
イラ
イラ
カバ選手とブラックマンバ選手の一騎打ちです!!

俺より先に行くんじゃねえー!!
ガブッ
ぎゃっ
はいブラックマンバ選手失格!!

金 ラクダ
銀 ウォンバット
銅 ケヅメリクガメ

ラクダ選手、背中の脂肪を使って、体力を補給しながら完歩

カバ選手、優勝直前で、まさかの競技続行不能です

ちなみにヒトの記録は？ 2014年 ヨアン・ディニ（フランス）の3時間32分33秒。

陸上競技 | 競技種目

ハードル

Athletics | Hurdle Race

110mや400mのレーンに高さ約1mのハードル10台を跳び越えながら速さを競う競技。

よせばいいのに天敵を挑発 美しきジャンパー！

かかってこいヤァ！
注目選手

実力を発揮すれば金！

スプリングボック

選手プロフィール

速さ
根性
ジャンプ
体力
やる気

出身地 アンゴラ

食生活 ベジタリアン（植物食）

性格分析 みんなといると強気になる

ジャマなものを跳び越えながら高速で逃げる草食動物、特にシカやレイヨウの仲間が日頃得意としている運動なので出場希望者が殺到する競技。注目選手はアフリカ出身のスプリングボックで、**天敵に“ストッティング”という秘技を出す**。これは2m近く垂直に跳ぶ、**自分より強い敵に対する挑発行動で、ハードルを余裕で跳ぶことができる**。実力はもちろん、常にモチベーションの高い選手だけに目が離せない。

予想

闘志を燃やしすぎるとムダに高くジャンプしがち

スプリングボックは、ハードルの無い100mであれば、4秒ほどで走れる。走りながらのジャンプもバツグンのバランス感覚で死角無し。ただし、ライバルが横にいると異常に闘志を燃やしすぎて、**垂直に高く跳びすぎるクセがある。**

一方、この競技はハードルを倒してゴールしても記録になるので、始めから跳ぶ気持ちはまったくなく、ハードルをなぎ倒して猛進するイノシシ選手やサイ選手は、大幅に記録を伸ばす可能性がある。

主な出場選手

◎スプリングボック（時速88km）
○イノシシ（時速50km）
▲サイ（時速50km）
△シカ（時速50km）

結果

魅惑のハードル・ジャンプ

さあ各選手一斉にスタート
ドドドド…
バ
おお…
美しい……
ちょっ…みんな見とれすぎイィ!!

金 スプリングボック
銀 イノシシ
銅 シカ

あまりに見事なジャンプで、挑発されるどころか、魅了されていますねぇ

サイ選手は、視力が悪いため、コースアウトで失格でした

ちなみにヒトの記録は？ 1992年 ケビン・ヤング（アメリカ）の46秒78（400mハードル）。

陸上競技 | 競技種目

4×100mリレー

Athletics | 4x100 Metres Relay

4人でバトンを渡しながら100mずつ走って、400mの速さを競う。

綿密な戦術を練って 異次元の連携プレーでのぞむ！

一人はみんなのために、
みんなは一人のために！

チームワークで金をねらう！

注目選手

リカオン

選手プロフィール

速さ	■■■■□	情報収集	■■■■■
ジャンプ	■■■□□	体力	■■■■□
連携	■■■■■		

- 出身地：南アフリカ共和国
- 食生活：お肉ばっかり
- 性格分析：意識高い系

チームワークが個人技を上回る可能性のある競技のため、常に集団で暮らし、厳格な順位制がある社会性動物に向く。注目は、リカオン選手。**彼らの絆の強さからくる連携術は次元が違う。**狩りの前には地形の下見をして勝負どころを確認し、メンバーの体調などで追いこむ順番や役割などを変える。**狩りの成功率80％は動物界最高値**で、獲物も均等に分け、狩りに参加できなかったものにも手がらを分配する。

予想

チームワークはバツグンだがこじらせ姉妹ゲンカが不安

オオカミを始めとしたイヌ科動物はリレー競技を得意とし、逆に単独性で個人技のネコ科動物たちは苦手としている。リカオンにこれといった死角はないが、**絆が強い分、仕事を奪い合うケンカがしばしば見られる。**特に多いのは女子の奉仕の精神からくる〝こじらせ姉妹ゲンカ〟。チームの絆がゆらぐことで、勝敗が変わることもあるため、コーチやチームリーダーの力量が結果を大きく左右するだろう。ただしケンカ後はすぐに仲直りする。

主な出場選手

◎リカオン（時速60㎞）
〇オオカミ（時速70㎞）
▲パタスモンキー（時速55㎞）
△ライオン（時速55㎞）

結果

どこまでも役割分担

我らリカオン軍団は群れの優れたチームワークで狩りの成功率なんと80％!!
だからリレーで優勝なんぞ朝飯前なのだ!!
アンカー
ゴール
もちろん優勝インタビューまでが軍団の仕事なのだ!!
見事な走りでしたね！
がんばりました！
テキパキ
パシャ
リポーター
リーダー
カメラマン

金 リカオン
銀 オオカミ
銅 パタスモンキー

バトンの受け渡しなど、あうんの呼吸でしたねぇ

すばらしいチームの役割分担です

ちなみにヒトの記録は？ 2012年 ネスタ・カーター、マイケル・フレーター、ヨハン・ブレーク、ウサイン・ボルト（ジャマイカ）の36秒84。

陸上競技 | 競技種目

走り高跳び

Athletics | High Jump

道具を使わずに、助走をつけた跳躍だけで跳び越えられる高さを競う競技。

注目選手

助走無しでも 2mの大ジャンプ！

本気出したらスゴいんだよね

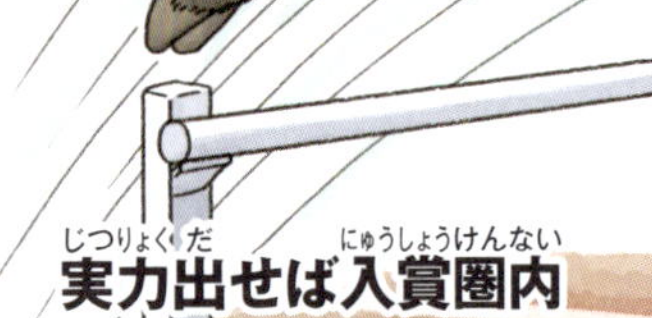

実力出せば入賞圏内

イノシシ

選手プロフィール

速さ	■■■□□	根性	■■■□□
ジャンプ	■■■■■	体力	■■■□□
破壊力	■■■■□		

出身地	日本
食生活	畑の野菜ドロボウ
性格分析	ジャイアンみたいな性格

走り高跳びは、強靱な瞬発力と柔軟さが重要でありながら、1㎝単位で競うため、自分自身の潜在能力を引き出せる集中力と自信が勝負を左右する。この競技に出場する**イノシシ選手は、知能が高く、犬並の芸はあっという間に習得できる。**用心深く繊細で、気が短くせっかちでキレやすく、やるときは大胆にやるタイプ……。**要は面倒くさいタイプ**だが、ライバルの結果に動揺しない、強いハートを持つアスリートだ。

スクープ！ライバル研究

ハイジャンプといえばウサギという人が多いが、実はウサギは骨格形態上、真上に高く跳躍するのがあまりうまくない。またメンタルも弱く、すぐに精神的に追いこまれるほどナイーブ。ネコ科の動物も、ハイジャンプをするには、足がかりが必要になる。何よりもネコ科は、飽きっぽい性格なのでモチベーションの維持が難しい。

関係者のコメント

コーチより

怒ってキレると、とんでもない世界記録が出るかもね。

食事トレーナーより

どんなに緊張しても、試合前は吐くほど食べるんです。

業界関係者より

急に開く雨傘がきらいだから、雨が降り始めるとヤバイ。

練習風景

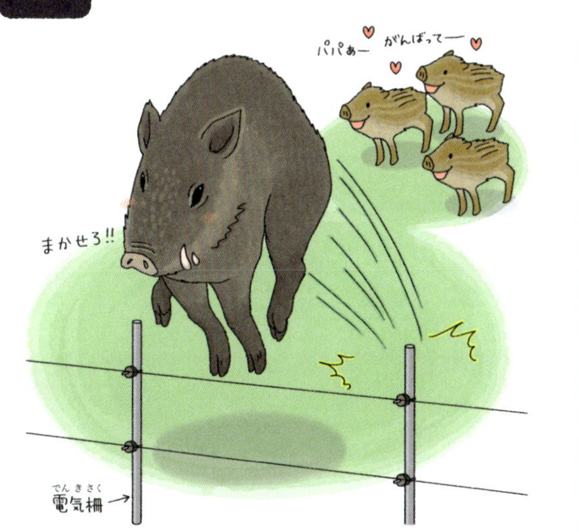
パパあー
がんばってー
まかせろ!!
電気柵

電気柵を跳び越える高跳びの練習風景。「たまに触れて電気が流れるけど、意外と大丈夫ですよ」（イノシシ選手）。

なかなか、いいジャンプですね〜

ウリボウたちも応援していますよ

予想

運動神経だけじゃない
メンタルも超強い

イノシシ選手は、一見すると足が短くて運動能力は無さそうだが、足も速ければ、スタミナもあり、重量挙げも得意など、運動神経バツグン。ボールに乗る芸もでき、バランス感覚や足さばきのレベルが高い。**本気を出せば、垂直跳びは助走無しで2mは軽々と跳ぶ**ことができる。そのため、動物園での飼育も檻の高さを倍の4m程度に設定している。

全身筋肉の塊で骨太なため、骨折・ねんざ・ケガに強いのも魅力。人気のライバル選手に対してスタジアムの観客全員が手拍子やウェーブで応援しているのを見ると、**逆に燃えるなどメンタルも強い**。鼻でなんでも触れるクセがあるため、うっかりバーに触れないかが心配だ。

主な出場選手
◎ピューマ（5・4m）
○クリップスプリンガー（3m）
▲イノシシ（2m）
△ノミ（1m35cm）
敵が多いほど、燃えてくるんだよなぁ
イノシシ
ピューマ
俺の好物ばかりで、食べたくなってくる……
とにかく、跳ねることが大好き～
クリップスプリンガー
人間と同じサイズだったら、ビルも跳び越えるよ
ノミ

結果

妄想！　感電ジャンプ

さあノミ選手・ピューマ選手
クリップスプリンガー選手に
続き、最後に登場するのは
イノシシ選手です!!
ドキ ドキ
ワー
ワー
いったいどんな
ジャンプを見せるのか？
がんばれー

どうしよう…
あんなに高いの
跳べないよ…
!!
いや、まてよ…

畑の電気柵だと
思えば…
ポーン
♪
いけるかも!?

金 ピューマ
銀 イノシシ
銅 ノミ

動物川柳
猪口才な　でんきビリビリ　なんのその

ちなみにヒトの記録は？　1993年 ハビエル・ソトマヨル（キューバ）の2.45m。

陸上競技 | 競技種目

走り幅跳び

Athletics | Running Jump

陸上競技の跳躍競技で、助走をつけて水平にどこまで遠くに跳べるかを競う競技。

12mもの特大ジャンプでライバルを蹴散らす!

注目選手

今回は、秘策があるのよ!
5
6

上位入賞もねらえる!

カンガルー

選手プロフィール

速さ	■■■□□	根性	■■■□□
ジャンプ	■■■■■	体力	■■■□□
キック力	■■■■■		

出身地 オーストラリア

食生活 ベジタリアン

性格分析 実力あるのに、ヤル気無し

陸上の人気種目である**走り幅跳びは、腹筋・背筋を使った瞬発力と柔軟性が必要**で、1cm単位で記録を競う競技のため、踏切地点の踏み足と着地地点の体の抜き方などがとても重要になる競技だ。金メダル候補としてあがるのはオーストラリア出身のカンガルー選手。**大型のアカカンガルーは、最大体長160cm、体重60kgと大柄ながら、一歩の幅跳びで12m**の記録を持っている。

スクープ！最近のツイート

05:08『寝るわ。おやすみー』

07:30『暑いーーー』

09:17『マジ、かったるいわ』

12:45『太陽に殺されるっつーの』

13:01『拡散希望：腕によだれ塗ると涼しいよ』

14:22『お乳のために栄養とらなきゃ』

16:30『この草、激うまっ』

17:32『アボリジニさんだ……』

18:43『ディンゴ、マジむかつくわ』

カンガルーの実力は？

匿名を条件に、K（カエル）とB（バッタ）が取材に答えてくれた。

選手Kより

バックで歩けないから、踏切地点までの歩数の調整ができず、助走がヘタくそですね。

選手Bより

尻尾はほとんど曲げられないため、着地で尻尾が先に着いちゃうことが多いみたい。

練習風景

イヒヒ…
まけるもんかー!!

金メダル最有力候補とされているユキヒョウ選手。実力ある選手がそろうため、ハイレベルな競技となることが期待される。

ユキヒョウ選手、ものすごい跳躍力ですね

最近、実力をつけてきているスプリングボック選手も、強敵ですよ！

予想

高速助走からの大ジャンプに期待

ほかの大陸に比べて、現在のオーストラリアでは、大型肉食獣がほとんどいないにもかかわらず、なぜかカンガルー選手は**高速で走れるように進化**。勢いある助走からの大ジャンプが期待できる。また、オーストラリアの乾燥した暑い気候で育ったカンガルー選手は、酷暑の試合に強く、砂漠などの足さばきも心得ている。

昼間は練習せずにゴロゴロなまけていることが多く、その姿勢は昭和のオヤジがステテコ姿でテレビの野球観戦をしているかのよう。練習嫌いではあるが、天敵が少なく緊張感のない大らかな環境で育っているので、**競技でも同じポテンシャルで実力を発揮でき**、本番に強いタイプだ。

主な出場選手
◎ユキヒョウ（15m）
○スプリングボック（15m）
▲カンガルー（12m）
△ベローシファカ（12m）
最高の大ジャンプを見せてあげる！
ユキヒョウ
雪上の狩りで鍛えたジャンプで、ねらうは金！
カンガルー
横っとびで大ジャンプしちゃうよ
ピンチになると、跳びたくなってくるんだ
ベローシファカ
スプリングボック

金 ユキヒョウ
銀 スプリングボック
銅 ベローシファカ

結果

親子愛の大ジャンプ

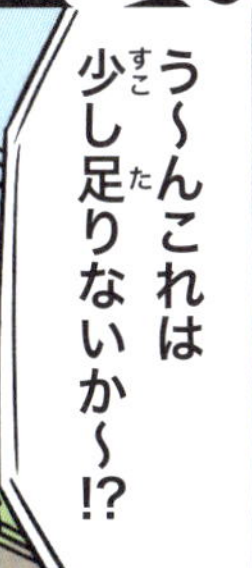
う〜んこれは少し足りないか〜!?

ボクに任せて!!
ピョコ

とうっ!!
ピョ〜ン
ザッ

やったよ母さん!! 新記録だ!!
親子の愛の勝利ね…!!

いやいや普通に反則だから
ガーン

動物川柳

あと一歩　メダル届かぬ　親子愛

ちなみにヒトの記録は？ 1991年 マイク・パウエル（アメリカ）の8.95ｍ。着地地点は衝撃を吸収するために砂場になっている。風速も記録に加味され、1㎝単位の際どい競技。

陸上競技 | 競技種目

三段跳び

Athletics | Triple Jump

三段階のジャンプの距離を競う。起源は古代アイルランドで水たまりを少ない歩数で渡る遊びから。

注目選手

跳んで、跳んで、跳びまくるよ！

砂漠で鍛えあげた驚異のホップ・ステップ・ジャンプ！

勝負はウシガエルとの一騎打ちか!?

サバクトビネズミ

選手プロフィール

速さ	■■■■■	根性	■■■■□
ジャンプ	■■■■□	体力	■■■□□
バランス	■■■■■		

- **出身地** パキスタンの砂漠
- **食生活** 種ばっかり
- **性格分析** ハッスルしやすいタイプ

三段跳びは、野生動物たちが日常でよく使う運動能力で、瞬間的に足場のいいポイントを判断して、高速で進む能力が求められる。注目は、サバクトビネズミ選手。天敵のキツネやヘビに狙われるが、**隠れる場所がない足場の悪い砂漠では、ホップ・ステップ・ジャンプで逃げまくる。**10㎝ほどの丸い小さな体からバネのような長い脚と尻尾がのび、**時速40㎞で走れて、3mまで跳躍できる。**

予想

ジャンプ力はもちろん着地もうまい

サバクトビネズミ選手は、砂漠で暮らしているので、暑さに強く競技には断然有利。また、すべらないように足のウラに毛の生えた、**特別な"スパイク"シューズを履く。**体長よりも長い尻尾でバランスをとるため、**空中での姿勢制御もバツグンである。**ヒゲも顔の下側にあり地面の状態のチェックを常にする。

ライバルと目されているのはウシガエル選手だ。また、トノサマバッタ選手やノミ選手も実力はあるが、着地がうまくないので記録が伸びても失格になることが多い。

主な出場選手

◎サバクトビネズミ（3m）
○ウシガエル（2m）
▲トノサマバッタ（1m）
△ノミ（30cm）

結果

夢へのジャンプ

ホップ
ステップ
ジャ〜ンプ!!
アハハハッ
ピョン
ピョン
ピョ〜〜ン
イエ〜〜イ♫
…アイツ生き生きしてんなあ
普段は俺らから逃げるためのジャンプだもんね…

金 サバクトビネズミ
銀 トノサマバッタ
銅 ウシガエル

サバクトビネズミ選手、見事なジャンプでした

トノサマバッタ選手は残念。大ジャンプでしたが、着地に失敗です

ちなみにヒトの記録は？ 1995年 ジョナサン・エドワーズ（イギリス）の18.29m。

陸上競技 | 競技種目

砲丸投げ

Athletics | Shot Put

約7kgの球を、扇形のサークル内で、遠くに飛ばす競技。その起源は重いものを遠くに投げる「力比べ」。

注目選手
この投げっぷり、ワイルドだろぉ〜!

アンダースローの投てきで強さをアピールする!

実力出せれば金メダル!?

チンパンジー

選手プロフィール

遠投

根性

パワー

体力

バランス

出身地 セネガル

食生活 ベジタリアン、たまにお肉

性格分析 めんどくさいA型タイプ

モノを投げることで力自慢や男らしさをアピールする習性のある動物に向く競技。注目はチンパンジー選手。天敵やライバルが目の前に現れたり、ムシの居所が悪かったりすると、**上位のチンパンジーは威嚇として石などモノをすぐ投げる。**投げるモノが無い動物園では、**自分のウンコを投げて強さをアピール。**投げた直後の「うぎゃーっ」という雄叫びとドヤ顔にアスリートの風格が感じられる。

予想
威力だけでなくコントロールもバツグン

砲丸投げの投てき方法は、砲丸が肩より後ろになっては失格だが、チンパンジー選手は**振りかぶらず、助走をつけず、突然アンダースローで石やウンコを投げる**。時速80㎞以上で20m以上の飛距離を出し、命中精度も高いため、ソフトボール界からのスカウトもあるとか、無いとか……。フンコロガシ選手も砲丸の扱いに長けるが飛距離がいまひとつ。ダチョウ選手は、食べ物をすりつぶす石を胃袋に持つ、石つながりでノミネートされた。

主な出場選手

◎チンパンジー
○ゴリラ
▲フンコロガシ
△ダチョウ

結果

金 チンパンジー
銀 ゴリラ
銅 フンコロガシ

残念なスカウト

チンパンジー選手の第1投!!

ブーン

これはすごい！ゾウ選手クマ選手の記録を抜き金メダル!!

むむむ!!

キミ、ぜひウチのソフトボールチームに…

嫌いなやつには石を投げる
パカン
あ、危険なので近づかないでくださーい

チンパンジー選手、20mを越える大会新記録でした

ダチョウ選手は、砲丸を飲みこんでしまい、失格です

ちなみにヒトの記録は？ 1990年 ランディー・バーンズ（アメリカ）の23.12m。

陸上競技 | 競技種目

ハンマー投げ

Athletics | Hammer Throw

約7kgの砲丸をワイヤーの先につけて回転させて遠くへ飛ばす。元は本物のハンマーを投げていた。

首をムチのようにしならせる
ネッキングで
超飛距離をねらう
なんだか、目が回るぅ〜！
注目選手
大会新記録も夢じゃない！

キリン

選手プロフィール

遠投	■■■■■	根性	■■□□□
パワー	■■■■□	体力	■■■■□
バランス	■□□□□		

出身地　ウガンダ

食生活　ベジタリアン

性格分析　あまり他人に興味が無い

回転や遠心力を駆使することに長けている動物が得意な競技。注目はキリン選手。**オス同士がケンカするときは、"ネッキング"という儀式で戦う。**首を腕相撲のように押し合って勝負するが、決着がつかないと、首を振り回して相手に頭をぶつけるのだ。**ハンマー投げの選手が顔より太い首をしているように、キリンの首の筋肉も強力無比。**角も相手に当たるように後ろ側に向いてついている。

予想

首をぶつけるネッキングはいつも全力で振り回す

キリンのネッキングは武器ではなく、オス同士のルールがある儀式的闘争、すなわちスポーツだ。優しそうなキリン選手も、一切妥協しないアスリートとして、本気でネッキングをする。

そんなキリン選手の首は50kgのものを30mも飛ばす力がある。また、頭を振っても脳内の血管が破裂しない、特殊な血管も備える。ちなみに、ライオンなど天敵への攻撃は、首を使うことはなく、頭蓋骨を粉砕するほど強力な足の蹴りを使う。

主な出場選手

◎キリン
○ゾウ
▲ゲレヌク
△クビナガオトシブミ

結果

金 ゾウ
銀 ゲレヌク
銅 クビナガオトシブミ

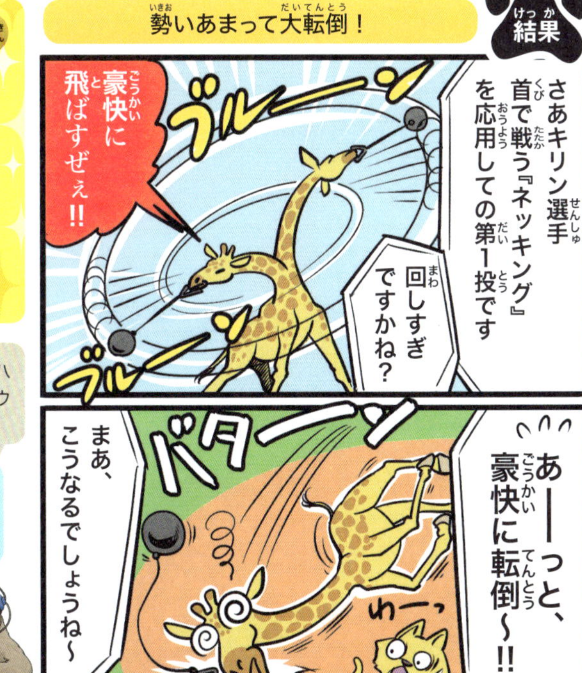

勢いあまって大転倒！
さあキリン選手 首で戦う『ネッキング』を応用しての第1投です
豪快に飛ばすぜぇ!!
ブルーン
ブルーン
回しすぎですかね？
あーーっと、豪快に転倒〜!!
バターン
まあ、こうなるでしょうね〜
わーっ

金メダルは、鼻でハンマーを投げたゾウ選手です
ヒトの子どもも持ち上げるほどの怪力ですからね

ちなみにヒトの記録は？ 1986年 ユーリ・セディフ（ソビエト連邦）の86.74m。

陸上競技 | 競技種目

やり投げ

Athletics | Javelin Throw

助走をつけて槍を遠くに投げる能力を競う競技。

見た目はキレイな巻貝だが
実は、やり投げの名手

注目選手
毒槍、発射しま〜す。

投げさえすれば「金」確実！

イモガイ

選手プロフィール

遠投	■■■■■	根性	■■■■■
毒パワー	■■■■■	体力	■■■■■
バランス	■■■■■		

出身地　インドネシア

食生活　小魚ばっかり

性格分析　無表情で冷血

槍のような刺す武器を持っている動物は意外に多い。ヤマアラシやハリネズミ、毒針を持ったハチや毛虫なども小さいながらも槍のような構造をした武器を持っている。しかし、その多くが槍を飛ばして使うことはない。そんな中、**浅い海にもたくさんの種類がいるイモガイ選手は、実はやり投げの名手**だ。歯舌が特殊化して槍のようなかたちになったものを使い、獲物を正確に打ち抜いて仕留める。

予想

猛毒の神経毒を含むため競技中は審判員も要注意

イモガイ選手の槍は、猛毒の神経毒を含むため、**ヒトでも刺されたら死に至る**。だから競技中の審判員は、飛んできた槍が当たらないように気をつけなければならない。さらに、イモガイ選手の不安材料は、その飛距離である。全力で投げても数cmしか飛ばない……。

ライバルはカタツムリ選手。繁殖のときに恋矢と呼ばれる槍で相手を突きまくって刺激するのだ。ただし飛距離は無いため、競技としては低次元の争いが予測される。

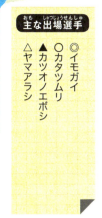

主な出場選手

◎イモガイ
○カタツムリ
▲カツオノエボシ
△ヤマアラシ

結果

毒槍にご用心！

さあ注目のイモガイ選手新記録なるか？
集中、集中…
はっ

獲物発見!!
プスッ
ぎゃっ
ハイ失格!!

金 なし
銀 なし
銅 なし

金が確実視されていたイモガイ選手、まさかの失格です

他の選手も槍が飛ばずに、記録なしですね

ちなみにヒトの記録は？ 1996年 ヤン・ゼレズニー（チェコ）の98.48m。

陸上競技 | 競技種目

棒高跳び

Athletics | Pole Vault

棒（ポール）のしなりを巧みに使いこなし、高いバーを跳び越えて高さを競う競技。

棒にこだわるのは とにかくモテるため

注目選手
棒を持っていると、なんか強そうでしょ……

棒への愛は金メダル級！

ゴリラ

選手プロフィール

棒術	■■■■■	バランス	■■■■■
パワー	■■■■■	体力	■■■■■
ジャンプ	■■■■■		

出身地　コンゴ共和国

食生活　ベジタリアン

性格分析　こじらせB型タイプ

ゴリラ選手は、幼い頃から棒状のものが大好きで、枝などを引きずって遊ぶ。オスは年頃になると、メスの気を引くために、自分好みの葉っぱつきの枝を折って持ち歩くのだ。**硬さやしなり具合などを入念にチェックして、メスの前で、わざと音をたてて引きずったり、はたきのようにパシパシ叩いて使ったりして、気を引こうとする。**うまくいったときは、口にくわえて“ドヤ顔”してみせることもある。

予想

高さには執着するがメンタルはやや不安

ゴリラ選手は棒に愛着があるだけではなく、**高さに対しても見えない努力をしている。** 背が高いオスがモテるので、頭の先をムダに尖らせて高く見せている。さらに身長が1cmでも高く見えるように、頭の頂点には脂肪が詰まっている。この勝利へのあくなき努力は評価したい。**ゴリラ選手の不安材料は、この自意識過剰なメンタルだ。** 繊細さを持つがゆえに、見られていると緊張して実力を出し切れず、失敗も尾を引いてしまうナイーブな心を持っている。

主な出場選手
◎ゴリラ
○チンパンジー
▲ナナフシ
△ビーバー

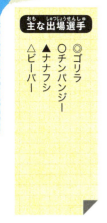

金 なし
銀 なし
銅 なし

結果

男らしさは、棒でアピール！

続いてゴリラ選手いったいどんなジャンプを見せるのか…注目です!!
棒の扱いじゃ年季が違うぜ

ズッキューーン
ハッ

俺…棒高跳びやってんだ…
へへっ
知ってる
ちょっと!! はよ跳べや!!

ゴリラ選手、メスに気をとられ、やる気が見られません

ポールを使ってのジャンプは難しいですかねー

ちなみにヒトの記録は？ 1994年 セルゲイ・ブブカ（ウクライナ）の6.14m。

陸上競技 | 競技種目

トライアスロン

Athletics | Triathlon

水泳1.5km、自転車40km、長距離ラン10kmの計51.5kmから200kmを越えるものまで競技距離はさまざま。

注目選手
長距離さえ走り切れば、いける！
霊長類最強のスイマーが、3種目の複合競技に挑戦！
実力出し切れば金もねらえる！

テングザル

選手プロフィール

泳ぎ / 根性 / 脚力 / 体力 / 走力

出身地 マレーシア

食生活 葉っぱばっかり

性格分析 人の目を気にするタイプ

「水泳」「自転車」「長距離ラン」の3種目の組み合わせとなると、まず「自転車」を乗りこなす力が必要だ。となるとサーカスや猿回しの実績がある霊長類に選手選考は絞られる。しかし霊長類のほとんどは、ヒトを含めて基本的には泳ぎが苦手。そんな中、**数少ない泳ぎが得意な選手がいる。それがテングザルだ。**指の間には水かきがあり、マングローブ林から川へ飛び込んで泳ぎを楽しむ希少なサルなのだ。

予想

不安材料となるのは走る途中の〝反芻〟

テングザルは、オナガザル科の中では手足も長く、自転車競技にも向いている。不安材料は日頃の食生活だ。葉を主食としており、**霊長類では唯一ウシと同じように、一度胃に入れた草を口に戻して噛む〝反芻〟**をする。激しい競技中に、胃からこみ上げてくるものがあるかもしれない。または、葉を専食とするために腸が異常に長いので**お腹のでっぱりがジャマする可能性も**。トレードマークの大きな鼻も呼吸がしにくい構造のため、鼻腔拡張テープが必要だ。

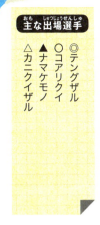

主な出場選手

◎テングザル
○コアリクイ
▲ナマケモノ
△カニクイザル

結果

走りながらはご勘弁

さあテングザル選手 水泳・自転車を終え 残すは長距離ランのみ!!
ハァ ハァ
さすがに ちょっと 疲れてきた…

うぷっ!!
おい 大丈夫か!?

くっちゃ くっちゃ くっちゃ…
反芻かよ!!

金 テングザル
銀 コアリクイ
銅 ナマケモノ

テングザル選手、何度も吐きそうになりながら、見事ゴール

水泳でのリードが大きかったですね

ちなみにヒトの記録は? トライアスロンは着順を競うため、世界記録はないが、51.5kmレースの場合およそ1時間45分ほどでフィニッシュする。

動物たちの記録はどうやって計測されたのか？

時速や筋力、握力など、動物たちの記録にはたくさんの工夫があった！

動物たちの記録計測は実はものすごく難しい

野生動物の、走ったり、跳んだり、泳いだりする速度やパワーを計測するのはとても難しいことです。人間が捕まえて「よーいドン」という感じで動物を放しても、人間の都合よく、計測しやすいようには動いてはくれません。瞬間的に速くても途中で止まったり、Uターンしたり、予測不能な動きをします。一番難しいのは、その速さがどこまで本気で走ったり、力を出しているかが謎であるということです。

タテガミオオカミ

最新機器を導入して動物の記録を計測

とはいえ、人間は、動物の記録を計測するために、さまざまな機器を駆使してきました。鳥類は研究用に捕獲して足環を装着して放し、罠や死骸を回収することで、移動距離が計算できます。最近はGPSなどを装着することで、より詳細なルートや移動速度などを記録することが可能に。野球のスピードガンを使って、陸上動物が走る速度や、鳥が飛ぶスピードを計測することもあります。圧力を計測する棒を咬ませたり、握らせたりして、咬む力や握力を計測することも。条件が一定ではありませんが、このような機械を使った測定はかなり貴重なデータです。

野生の動物たちの映像から能力を計算

動物の運動能力で参考になるのが映画です。ネイチャー・ドキュメンタリーは、その記録した映像から動物たちの能力を計算することができます。

走るスピードを距離から割り出したり、長期間の特殊カメラによる撮影などで闘い方の特徴や未知の生態のベールが剥がされていくのです。撮影スタッフも動物の専門家が集結しています。

僕のK点越え、ちゃんと計ってね

ヒヨケザル

ネイチャー・ドキュメンタリーだけでなく古い娯楽映画に出てくる野生動物も、多くの情報が詰まっている貴重な情報源となります。ひとつ例をあげると西部劇で有名なJ.ウェイン主演『ハタリ！』(1962年)などは、野生動物の生態や能力がよくわかります。

この映像作品は、実際に制作の現場にも動物の専門家が立ち会って作られました。

動物園建設の際などにデータが活かされるが……

さて、そんな動物データが活かされるのは、動物園や水族館などを建設する際です。動物たちが実際にどれくらいの力で体当たりするのか、どれくらいの力で咬むのか、どれくらいジャンプするのかなどのデータをできるだけ多く収集します。

実測以外にもこれまでの事故データ、研究者の逸話なども分析・計算の際に考慮して、檻や水槽の強度や設置デザインの最適なものを開発するのです。計算上の2倍の強度や高さにしても壊されたり、乗り越えられたりすることはよくあります。動物の能力を予測することは本当に難しいのです。

ヒョウ

猟師たちが目にする驚くべき動物の能力

動物たちの驚くべき能力を多く目にしているのは猟師です。野生動物は、猟銃や麻酔銃、くくり罠や箱罠があれば捕まえられるものではありません。野生動物を追いかけて暮らし、その動物や山を知り尽くして初めてできることなのです。

彼らの体験してきたものは、動物園や研究者のデータとはまったく異なり、動物の駆け抜けるスピードや崖などの跳躍力の体験談は、驚きのエピソードに満ちています。日頃我々が見ることができる動物たちは、いわば「アウェイ」で、彼らの「ホーム」での真の実力は想像を絶するものです。

つまり、今ある記録された動物たちの数値は、動物たちの最高数値とは限らず、その数値をはるかに上回ることはいくらでもあるのです。動物たちがまだ見せていない、本気の力を発揮したとき、信じられないような記録が飛びだすでしょう。

それらを計測する技術がしっかりと確立すれば、人間のスポーツ競技と同じように、次々と記録が更新されていく日が来るかもしれません。

もっと高く、
もっと遠くへ

スプリングボック

実は、本気だしたら、もっとすごいんです

ピューマ

人間が作るネイチャー・ドキュメンタリーなどの映像は、何ヶ月もかけて執念で撮られていますよね

私たち動物からすれば、私生活をあばかれるパパラッチのような存在です。密着もほどほどにしてほしいですね

第2章

水上競技

Aquatics

競泳、飛び込み、アーティスティックスイミング、水球など、水の中で熾烈な勝負が繰り広げられる。水上競技の覇者は誰だ？

水上競技 | 競技種目
競泳 自由形
Aquatics | Swimming Free Style

どんな泳ぎ方でも速ければよいという競技。
1/100秒差を争い、泳法や水着が次々開発される。

必殺の飛び込みで、みんなはじき飛ばすよ！
長い鼻をシュノーケルにして
息継ぎなしで泳ぎきる！

泳ぐのに適した高い身体能力！

注目選手

ゾウ

選手プロフィール

水泳	■■■■□	根性	■■□□□
呼吸	■■■■■	体力	■■■□□
頑丈さ	■■■■■		

出身地 タイ

食生活 ベジタリアン

性格分析 神経質で自分に厳しい

練習せずに、生まれて初めて水に入っても泳げる動物は意外に多く、ゾウ選手もそのひとり。**ゾウ選手は水が大好きで泳ぎもうまく、犬かきのようなスタイルで泳ぐ。**5t以上ある体重も比重が水より小さく、空気が入る25万ccの肺容量も大きいので沈むことはない。呼吸回数も人間の半分で1分間に6回と競泳に有利。**鼻をシュノーケルのように出して泳ぐ**ので、息継ぎで顔を水面に上げる必要も無い。

予想

飛び込みの波動を武器に長い鼻を巧みに使う

ゾウ選手のスタート時の**体重5tの飛び込みによるメガトン級の波動**は、全レーンの選手のスタートを公然と妨害できる。さらに1/100秒を争う競泳は、タッチの差で決まることが多い。また、ゴール2m前から鼻でタッチできるアドバンテージが強みだ。

不安材料は、普段は飛び込んで水に入る習慣が無いこと。そのため練習が必要だ。さらに**ゾウは鋭い音に神経質なので**、スタート合図音でパニックになる可能性もある。

主な出場選手

◎ゾウ
○ジュゴン
▲マナティ
△カイミジンコ

結果

空からの刺客あらわる!?

なんと、ゾウ選手が潜水泳法で意外にもトップか!?
ようしいけるぜ!!
うごごごごご

金 ゾウ
銀 ジュゴン
銅 マナティ

鳥の妨害にも屈せず、ゾウ選手、なんとか1位でゴールしました

呼吸回数の少なさが、功を奏しましたねぇ

ちなみにヒトの記録は？ 2009年 セーザル・シエロ（ブラジル）の20秒91（自由形50m）。オリンピックには50m、100m、200m、400m、800m、1500mの6競技がある。

水上競技 | 競技種目 **競泳 背泳ぎ**

Aquatics | Swimming Backstroke

あお向けの泳法で競う伝統のある種目で、革新的なアイデアを取り入れ進化している。

超ハイテクな専用水着で
背泳ぎ能力はピカイチ！

この毛皮（水着）、手入れに5時間もかかるんだ

「金」獲得に、死角なし!?

注目選手

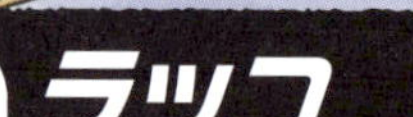

ラッコ

選手プロフィール

水泳	■■■■■	耐寒	■■■■■
やる気	■□□□□	体力	■■■□□
器用さ	■□□□□		

出身地 カナダ

食生活 海の幸（ホタテ貝）

性格分析 陽気で食いしん坊

泳ぎがうまい動物は多いが、背泳ぎができるとなると、海獣類などに選手選考は絞り込まれる。なかでも有望なのはラッコ選手。**まず専用水着がハイテクで、ほ乳類で最も毛深く1平方cmあたり10万本の毛が密生しており、保温効果と撥水機能を搭載。**これを1日5時間かけて手入れする。イタチの仲間では最大種で、体長130cmの長身も有利。肺活量が多く、水に潜ると鼻と耳を閉じることができるので快適に泳げる。

予想

ラッコ選手が大本命 イカ選手は大穴！

ラッコ選手は、**水かきがついた後ろ足を使い、時速8㎞で泳げる**（ヒトは時速6㎞）。不安材料はスタート時。前足の指が退化しているので、壁に体を引きつける構えが苦手。また、流されないように海草を腹に巻きつけて寝るクセがあり、**プールのコース・ロープを無意識に巻きつけないか心配**だ。

ライバルは、バサロ泳法が得意なスルメイカ選手。天敵のラッコ選手から逃げようと、大幅に記録を更新する可能性あり。

主な出場選手

◎ラッコ
○セイウチ
▲マツモムシ
△スルメイカ

結果

まさかのゆったり展開！

金 スルメイカ
銀 ラッコ
銅 セイウチ

さあライバルたちが集いました!!
金メダルに輝くのは誰だッ!?
スタート!!
プカ〜
…え〜と、競走ですよ〜
選手のみなさ〜ん？

ゆっくりなレース展開の中で、スルメイカ選手がまさかの金

必死な泳ぎで、ぶっちぎりな速さでしたね！

ちなみにヒトの記録は？ 2016年 ライアン・マーフィー（アメリカ）の51秒85（背泳ぎ100ｍ）。オリンピックには100ｍ、200ｍの2競技がある。

水上競技 | 競技種目

競泳 平泳ぎ

Aquatics | Swimming Breaststroke

手足を左右対称に動かして泳ぐ平泳ぎによる競技。俗にカエル泳ぎと言われている。

アマガエルがカエル界6500種の頂点を目指す！

注目選手

チョー、きもちいい！

「金」は我が手中にあり！

アマガエル

選手プロフィール

水泳	■■■■■	根性	■■□□□
ジャンプ	■■■■□	体力	■■■□□
頑丈さ	■□□□□		

出身地 日本

食生活 小さい虫

性格分析 人なつっこいタイプ

平泳ぎできる動物は、ヒトとカエルを除いてほとんどいない。よってカエルの独壇場だが、**カエルは世界に約6500種おり、選考会は頭が痛い。**当初は一生水の中で過ごし、高速で泳ぐことができるアフリカツメガエル選手が最有力とされていたが、**平泳ぎはスタートと折り返しで、頭の一部が水面に出ていなければ失格**となるため不選出。アマガエル選手が最有力候補として注目されている。

予想

泳ぎは得意だが水中よりも陸が好き

スタートの姿勢を取った後は、出発の合図まで静止する必要がある。少しでも動くと失格になるが、**アマガエル選手は吸盤を持つため、どんな姿勢でも静止できるのが強み。**このとき、体色を周囲の色に近づけることで気配を消すことも可能だ。

不安材料は、実は木の上で生活する（樹上性）ということ。泳ぎが得意であるにもかかわらず、性格的にすぐに水からあがろうとする。コース・ロープによりかかり、注意されることもしばしば。

主な出場選手

◎アマガエル
○アカガエル
▲カジカガエル
△ヤドクガエル

結果

表彰台独占か!?

さあ競泳は平泳ぎ!!
第1のコース
アマガエル

第2のコース
アカガエル

ズラ〜…
第3のコース
カジカガエル
第4のコース
ヤドクガエル
第5のコース
トノサマガエル…

…これもう平泳ぎは『カエル優勝』で良くない?
カエルばっか
えっ

金 アマガエル
銀 アカガエル
銅 カジカガエル

カエル勢の表彰台独占ですね！

もはや、平泳ぎの競技自体が、カエルの独壇場です

ちなみにヒトの記録は？ 2017年 アダム・ピーティー（イギリス）の25秒95（平泳ぎ50m）。オリンピックには100m、200mの2競技がある。

水上競技 | 競技種目

競泳 バタフライ

Aquatics | Swimming Butterfly

両腕を前後に、両足を上下に同時に動かす泳法で競う。平泳ぎの珍泳法として登場し、独立種目に。

注目選手

時速43kmに相当するバタフライで超高速で泳ぎきる

「顔色ひとつ変えずに泳ぐね」ってよく言われます

実力は間違いなくナンバー1

オオミジンコ

選手プロフィール

水泳	■■■■■	根性	■■■■■
呼吸	■■■■■	体力	■■■■■
頑丈さ	■■■■■		

出身地 アメリカ

食生活 小さいプランクトン

性格分析 明るく活動的なタイプ

バタフライは人間世界の習い事でも、最後に習う泳法種目で、**リズム感を要する運動神経と体力を必要とする**ため、練習せずに容易にできる泳法ではない。動物界全体でもバタフライができるものは皆無と思われていたが、ものすごい実力の選手がいた。**しかも、どこにでもある世界中の小さな水たまりの中に……。それがミジンコ選手だ。**腕を左右同時にかき、力強く、かつ美しく泳ぐ！

予想

小魚たちも仰天する超高速バタフライ

ミジンコ選手のパワー・スイムっぷりは、小魚たちの間では「ハンパないって！」とささやかれている。人間のバタフライのスピードは、そのひとかきで時速6.5㎞ほどだが、**ミジンコ選手の腕のひとかきは時速43㎞に達する。**人間のサイズに換算すると1秒間で12ｍ進むことになる。つまり、2秒でコースの半分まで進んでしまうのだ。

ちなみに、バタフライはオオミジンコ、犬かきはケンミジンコ、自由形はカイミジンコ選手とミジンコ界の選手層も厚い。

主な出場選手

◎オオミジンコ
○バタフライフィッシュ
▲トビウオ
△アメリカカワシミミズク

結果

あれ、どこいった？

さあ競泳バタフライは思わぬ伏兵、ミジンコ選手の登場!!
バシャシャシャ
人間サイズ換算でなんと1秒間に12ｍ進むという驚異のスピードなのです!!
バシャーン
しかし小さすぎてよく見えず、とりあえず銅に
この中にいんの？
？
ボクまだこっちだよ!!
1
2
3

金 バタフライフィッシュ
銀 トビウオ
銅 オオミジンコ

オオミジンコ選手、小さすぎて見えず、順位が混乱していますね

どうやらバッタフライフィッシュ選手が金メダルのようですよ

ちなみにヒトの記録は？ 2009年 マイケル・フェルプス（アメリカ）の49秒82（バタフライ100ｍ）。オリンピックには100ｍ、200ｍの2競技がある。

水上競技 | 競技種目

10m高飛び込み

Aquatics | 10m Platform Diving

水面から10mの飛び込み台からプールに飛び込み、回転やひねりのポーズで演技得点を競う。

注目選手
速く、そして、美しく！

卓越した飛行能力とエアバッグ機能で衝撃を克服する！

高速かつ芸術的に飛び込む！

カツオドリ

選手プロフィール

飛び込み	■■■■■	根性	■■■■□
飛行	■■■■■	体力	■■□□□
頑丈さ	■■■■□		

出身地 カナダ

食生活 イワシとか

性格分析 自信過剰なタイプ

この競技の圧倒的な注目選手は、カツオドリ。**空中数十mから魚群を見つけ、ミサイルのように高速急降下して海に飛び込む。**最高時速は110kmに達し、普通の生き物なら海面に激突した衝撃で即死だが、**精密機械のように進入角を直角に制御してダイブ**し、さらに**気嚢という特殊なエアバッグが標準装備されている**ので衝撃をやわらげることができる。しかも、紡錘型の姿勢で水しぶきがあがらず芸術的だ。

予想
家庭のゴタゴタが心配 脅威となるライバルは不在

カツオドリの唯一の不安材料は、**孵化した自分のヒナが別の残りのヒナを必ず殺す**ため、親はヒナを1羽しか育てられないこと。この家庭のゴタゴタや後継者不足が心配だ。

他に、高所から水に飛び込む動物にナマケモノ選手がいる。ワシなどに襲われそうになったときに、そのままの姿勢で落ちる。ただし、落下姿勢は微妙で芸術点は低く、毎回着水時に大きな水しぶきをあげるため高得点を狙うのは難しいだろう。

主な出場選手

◎カツオドリ
○アデリーペンギン
▲ヒゲペンギン
△ナマケモノ

結果
気づかれないほどに美しく

パシャーン
シュボッ
ナマケモノ選手、豪快な飛び込み〜!!

バシャシャーン
シュボッ
飛び込みが美しすぎて気づいてもらえないカツオドリ選手
レミング選手!! 団体で飛び込みは失格ですよ!?

金 カツオドリ
銀 アデリーペンギン
銅 ナマケモノ

気づかれないほどの静かな着水でした。芸術点も高く、見事な金ですね!

ナマケモノ選手もがんばりました

もっとこの競技を知ろう! オリンピックでは、3m飛板飛込、10m高飛込、シンクロダイビング3m飛板飛込、シンクロダイビング10m高飛込の4競技がある。

水上競技 | 競技種目

アーティスティックスイミング（シンクロナイズドスイミング）

Aquatics | Artistic Swimming

音楽に合わせて立ち泳ぎし、同調性や芸術性を競い合う競技。

芸術的なまでの絶妙なシンクロなるか!?

狩りの後は、冷たい空気で体を冷やさなきゃ！

絶対王者イルカの牙城をくずせるか!?

注目選手

アシカ

選手プロフィール

同調性	■■■■■
根性	■■■■□
芸術性	■■■□□
体力	■■■□□
泳ぎ	■■■■■

出身地　アメリカ(カリフォルニア)

食生活　海の幸（イカとか）

性格分析　冗談通じるタイプ

この競技は、立ち泳ぎ技術だけでなく、見た目が揃うことが大切。注目はアシカ選手団で、群れで狩りをするチームワークと運動神経は海獣類でピカイチ。**狩りをした後は、激しい運動で体温が上がるため、みんなで水面からヒレを出して冷たい空気で冷やす。**その風景はまさに芸術！　水族館のショーでも練習熱心なことが知られているアシカ選手団は、その向上心もメンタルも競技向きだ。

スクープ！審判員から注意

水辺で暮らす選手（カワウソ、カバ、バクなど）は、きれいな水の中ではマーキングのためにウンチをする。アシカ選手もその例にもれず、プールの水が新しいと、必ず競技前に水の中でウンチをしてしまうのだ。さらに、アシカ選手は陸に上がると岩陰でもウンチをするので、審判員に厳重注意を受けている。

アシカのココがすごい！

アシカとアザラシの演技力の違い

アシカの祖先はクマ、アザラシの祖先はイタチのため、カラダのかたちが微妙に違う。アシカは、**大きな前足で水をかいて泳ぐのでスピードが出て、急ターンも制御でき、自由な演技が可能となる。**一方、アザラシは後足で泳ぎ、小さい前足（ヒレ）は使わないため、アシカのような繊細な動きは難しい。

練習風景

ドヤ!!!
イルカ
はんぱないって
ガクガク

イルカ選手団の脅威的なパフォーマンスに圧倒されるアシカ選手団たち。「流石にヤバイかも。でも負けたくない」（アシカ選手）

イルカ選手団とアシカ選手団、水族館のショーにおいてもライバル関係ですよね

世紀の対戦の結末はいかに!?

予想

安定した演技で王者イルカに挑む

アシカ選手は、**人目を気にしない性格**なので、どんな状況でも実力にムラがなく安定した演技を披露することができる。アーティスティックスイミング（シンクロナイズドスイミング）は逆さで泳ぐ演技もあるため、鼻に水が入らないようにノーズクリップを装着するが、**アシカ選手は鼻の穴を閉じられる**ので美観を損なわずにすむ。

今大会では、最も実力をつけてきているアシカ選手団が、イルカ選手団の牙城をくずせるかに注目だ。不安材料は、**アシカ選手たちは女子でも声が酒焼けしたようなガラガラ声**なこと。かけ声が審査員の印象を悪くしないかどうかが心配だ。とにかく無駄なおしゃべりを極力なくして、品行方正に心がけて競技に挑む必要があるだろう。

主な出場選手
◎イルカ
○アシカ
▲フラミンゴ
△カタクチイワシ
練習あるのみ！
1・2・3・4！
アシカ
足上げを、みんなで揃えるのは得意です
フラミンゴ
みんなで動くのって、超楽しいよね！
イルカ
私たちの群泳は、本当にきれいだよ
カタクチイワシ

金 アシカ
銀 イルカ
銅 カタクチイワシ

結果

勝利のポーズ？

アーティスティックスイミング競技は熾烈を極めた争いに！
アシカチーム
フラミンゴチーム
イルカチーム

アシカチーム接戦を制し、見事金メダルです!!
パチパチパチパチ
ワー
パチパチパチ
チームワークの勝利よ

…もしもし？競技終了ですよ？
あー いいきもち…
これはいつもの日光浴よ

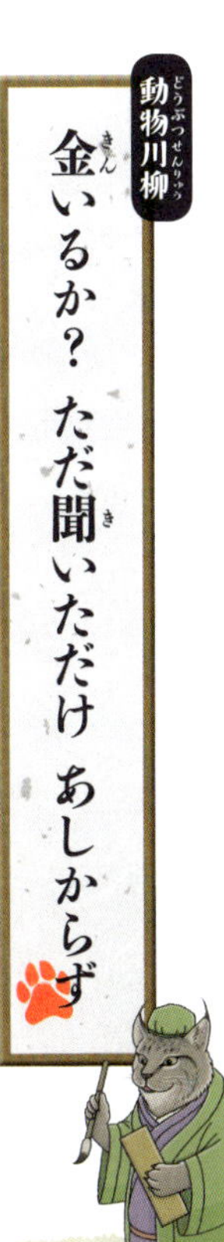
動物川柳
金いるか？ ただ聞いただけ あしからず

もっとこの競技を知ろう！ 2020年の東京オリンピックからはシンクロナイズドスイミングからアーティスティックスイミングに名称が変更。デュエット（2人）とチーム（8人）の競技があり、いずれも女子のみ。

水上競技 | 競技種目

水球

Aquatics | Water Polo

7名のチーム構成で、サッカーのようにゴールに向かってボールを入れて争う競技。

完全水中仕様の水着をひっさげて水中の格闘技に挑む！
注目選手
水が流れる音がすると、ダムを作りたくなるんだよね
チームワークとガッツで勝負！

ビーバー

選手プロフィール

水泳	■■■■□	気性	■■■■□
建築	■■■■■	体力	■■■□□
頑丈さ	■■■■□		

出身地 カナダ

食生活 ベジタリアン

性格分析 マジメで初志貫徹のタイプ

水中での動きが得意なだけでなく、選手選考では気の強さも大事なポイント。そこで注目なのが、ビーバー選手。ネズミの仲間でありながら、**完全水中仕様で、水かきがあり、尻尾はヒレのように大きい**。家族間の絆は強く仲も良い。**手は器用にモノをつかむことができるため水球にはもってこい**だ。鉄分でコーティングされたオレンジ色の前歯を持っているので、激しいあたりにも耐えられる。

予想
落ち着きのない性格が勝利への不安材料

温和で臆病そうに思われがちのビーバー選手だが、実はキレやすい。**イライラすると尻尾で水面を激しく叩きまくり、天敵のコヨーテなどを逆ギレして咬み殺すことも。**

不安材料は、自分で作ったダムのリフォームが大好きすぎること。水が流れるような音が聞こえると、落ち着きがなくなり、**何があってもダムの補修をしたくなる。**大会関係者はゴールバーを補修材木として切り倒さないか心配している。

主な出場選手

◎ビーバー
○カワウソ
▲マスクラット
△テングザル

結果
鉄壁のディフェンス

金 カワウソ
銀 ビーバー
銅 マスクラット

さあ水球は決勝戦!!
絶対王者ビーバーチーム
vs
器用さNo.1カワウソチーム
勝つのはどっちだ!?

どっからでもかかってこいや!!

ゴール

おい

まずはその巣をどかしてもらおうか…

ビーバー選手たち、リフォームが気になり、プレーに身がはいりませんね

ゴールポストも、材料にしようと、かじっていますよ!

もっとこの競技を知ろう! 縦30m横20m、水深は2m以上のプールで行われる。「水中の格闘技」といわれるほど激しいスポーツ。

動物たちの強化合宿

動物には、生まれてから誰にも教わることなく本能で行動できることと、親から子などへ伝えられていく学習を通して身につけることがあります。ここでは、動物たちが何かを学んで覚える、強化合宿について紹介します。

さまざま方法を駆使して自分たちの力を高める

動物たちは、もともと運動能力が高いだけでなく、アスリートのように強化合宿のようなことをして、自分たちの能力を高めているものもいます。

厳しい訓練を親がしむけたり、兄弟や仲間と遊びを通してうまくなっていくこともあります。はたまた、教育係がいたり、自分で能力を開発していくものまでいるのです。

運動能力の向上や、狩りの戦略の立て方、天敵からの逃げ方などは、うまくなればなるほど生き延びられるので、動物たちはいつでも真剣そのものです。

訓練をする動物の筆頭は世界最速のチーター

チーターなど、ネコ科のレッスンは母親が子どもを訓練しますが、とても教え上手で、怒ることのない優しい指導です。まず母親は自分で獲物を捕まえてきて、それを殺さずに弱らせてから放し、幼い子どもに捕まえさせるのです。このようにして、幼い子どもは得意げに狩りのまねごとをしながら、技術を身につけていくのです。成功体験を味わわせて、やる気を引き出し、ほめて才能を伸ばすティーチングを行うのです。

チーター

オットセイたちが海に出る前に山合宿

オットセイはほ乳類なので、手が魚のヒレのように進化していますが、エラはないので肺呼吸で泳ぎを練習しないと溺れてしまいます。だから生まれて間もない赤ちゃんは入り江で少しずつ泳ぎの練習をします。

ところがニュージーランドのオットセイは、賢いシャチが入り江で待ち伏せしているので、海とは逆の山に子どもたちを連れて行って、川の滝壺で水泳合宿をするのです。上手になってから山を下りて海に出ていきます。この場所は、オットセイたちが代々特別合宿をする場所となっています。

オットセイは、私たちよりもヒレがながくて、耳が目立つよ
アシカ

こんなのアリ？ バンジージャンプ合宿

グリーンランドで暮らす**カオジロガン**は、世界一過酷な合宿をすることで知られています。天敵のホッキョクギツネなどに卵を襲われるのを嫌って、120m以上の断崖絶壁の上に巣を作る習性があり、ヒナが卵から孵ると、両親鳥は、崖からふもとまでふわりと飛んでみせてついてくるように促すのです。飛べる羽が生えていない小さなヒナは、勇気をふりしぼって、崖を飛び降ります。途中岩にぶつかりながら120mを急降下。ヒナが、いくら軽くて柔らかくて弾力があるとはいえ、流石にあたりどころが悪ければ死んでしまうこともあります。カオジロガンは、命をかけた究極のバンジージャンプ合宿を生まれてすぐにやるハメになるのです。

私がバンジーさせるきっかけを作りました。ごめんなさい
ホッキョクギツネ

獅子は我が子を千尋の谷に落とす？

動物の厳しい教育といえば、『獅子の子落とし』ということわざがあります。獅子は我が子を谷底に突き落とし、はい上がってきた強い子だけを育てるという、百獣の王は厳しい教育の末に誕生するということわざです。

しかし、実際の**ライオン**の生息地は草原や森で、子どもがはい上がれないほど深い谷がある場所で子育て合宿をすることはありません。

それどころかオスは、自分の子どもに甘く、何をやっても怒らない親バカっぷりです。自分の子どもたちを谷底に落とすなんてことは、決してありません。

どうやら百獣の王の称号は、ライオンよりも、生後すぐに120mの崖から落ちて生き延びたものだけを育てていく、カオジロガンの方がふさわしいのかもしれません。

俺たちは、崖で寝ているけど、落としたりはしないよ

ゲラダヒヒ

足を滑らせて落ちないように気をつけなきゃ

カモシカ

木の上から、天敵から逃げるために水の中に飛び込むくらいのダイビングは、私もよくしますけどね

へぇ〜。ナマケモノさんも泳げるんですね。運動している様子が、ぜんぜん思い浮かびません

3
第３章
屋内競技
Indoor Competition
体操、レスリング、柔道などの競技で、パワーと技術を持ち合わせた個性豊かな動物たちが、頂上決戦に挑む。勝負の行方はいかに!?

屋内競技 | 競技種目

体操 つり輪

Indoor Competition | Gymnastics Rings

つり輪にぶら下がって演技する体操競技。不安定なつり輪で体を腕だけで支える男子のみの競技。

樹上を腕渡りで移動して日々トレーニングに励む

注目選手

木から降りると、動くの面倒なんだよね

腕渡りのプロフェッショナル

テナガザル

選手プロフィール

パワー	■■■■□	根性	■■■□□
バランス	■■■■■	体力	■■■■□
腕渡り	■■■■■		

出身地 マレーシア

食生活 ベジタリアン

性格分析 自分の世界観を大切にする

ヒトは霊長類の中で最も握力が弱く、サルの仲間なのにぶら下がって自分の体を支えられない。サルの中でもこの動作を最も得意としているのが、注目の東南アジア出身のテナガザル選手だ。**得意のブラキエーション（木の腕渡り）は日本語の「ぶら下がる」の語源。腕渡りで、地面を走るより速くジャングルを高速移動できる。**小型だがチンパンジーと同じヒトに近い類人猿で、しっぽも無い。

予想

つり輪競技に最適なバツグンの身体能力を誇る

テナガザル選手の腕は胴の2倍の長さ。**肩の関節・鎖骨が特殊化しているため、腕の可動域が大きい。**さらに、速い動作を可能にするために、手で握ることをやめ親指が退化。**動体視力、空間認識する三半規管も優れ、**つり輪競技に有利な身体能力だ。

夫婦愛が強く、試合会場に奥さんが応援に来るとがぜん張り切る。**テンションが上がると、競技中に数km先まで響き渡る歓喜の大絶叫をあげる。**しかも夫婦で。

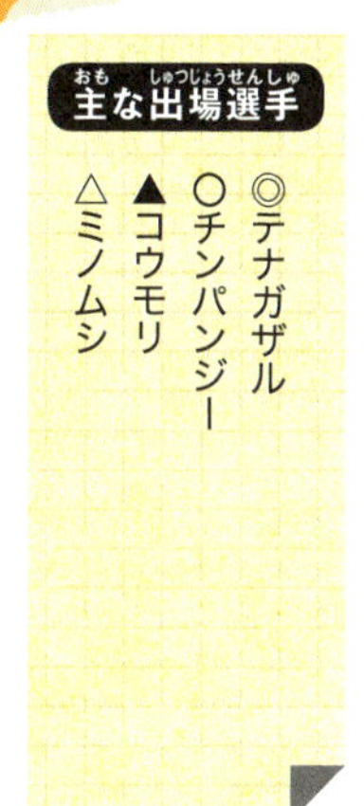
主な出場選手
◎テナガザル
○チンパンジー
▲コウモリ
△ミノムシ

結果

木の上が好きすぎて……

さあ、テナガザル選手どんな演技を見せるのか

グル
グル
すごい!! 連続大技です!!

…1時間経過…

…え～、なかなか演技の終わらないテナガザル選手ですが……
…あれ? 寝ちゃいましたね
ZZZ

金 テナガザル
銀 チンパンジー
銅 コウモリ

ようやく着地で長い演技が終わりました

演技はとてもすばらしかったですね

もっとこの競技を知ろう！ 体操競技は、男子は床運動・鞍馬・つり輪・跳馬・平行棒・鉄棒の6種目、女子は跳馬・段違い平行棒・平均台・床運動の4種目を行う。

屋内競技 | 競技種目

体操 鞍馬

Indoor Competition | Gymnastics Pommel horse

乗馬の鞍を模した器具の上で、2本の腕のみで体を支えて演技する体操の男子のみの競技。

注目選手

タヌキっていうなぁ！

逆立ちしてオシッコする変わった習性を活かす

最高の逆立ちを魅せる！

ヤブイヌ

選手プロフィール

逆立ち	■■■□□	根性	■■■■□
素早さ	■■■□□	体力	■■■□□
気性	■■■■□		

出身地 ブラジル

食生活 ネズミと小鳥、たまにカピバラ

性格分析 ちょい悪オヤジ

左右に振る振動技、縦横に移動する技、体を水平に倒す転向技、着地する終末技など非常に多くの技があり、難易度もかなり高い。注目は南米出身のヤブイヌ選手。**「イヌ」と名が付いているがタヌキのようなブサカワ姿で、イヌ科で最も原始的な動物。四肢は短く骨太で、水かきもあるので接地面積が広く安定性を高める。**何より前足で逆立ちしてオシッコをするマーキングの習性がある。

予想

メスから教えてもらい逆立ちを特訓中！

ヤブイヌ選手は、準絶滅危惧種で謎が多く、ライバルたちからもノーマーク。**気性が荒く、自分より大きな獲物を仕留めることに生きがいを感じる。不安材料は、逆立ちが得意なのはメスなこと。**オスはイヌのように片足をあげるマーキング・スタイル……。将来、女子種目が採用になったときは、メダルを独占すると多くのスポーツ・アナリストは予想。

ヤブイヌ選手は、夫婦愛が強いので、奥さんが専属コーチをやるケースも多いだろう。

主な出場選手

◎オットセイ
○ヤブイヌ
▲スカンク
△アジアゾウ

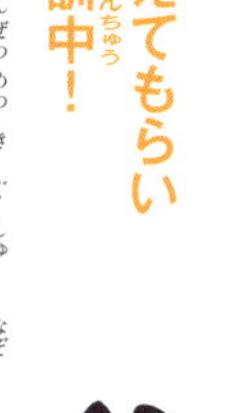
結果

いつものクセで、つい……

体操競技　鞍馬
ヤブイヌ選手の倒立～!!
これは美しい～!!
さあフィニッシュ
高い位置からの～
ビシィ
ピチョン
ん？
ワァァァー
マーキング～!!
決まった～!!
ふ～
コラー!!
『決まった』じゃないだろ!!

金　オットセイ
銀　スカンク
銅　アジアゾウ

ヤブイヌ選手、オシッコをして失格です

メスの習性を、そのままコピーしてしまったんですね！

もっとこの競技を知ろう！ 体操競技は、男子6種目、女子4種目を、団体、個人総合、種目別で競い合う。鞍馬は、回転や振動などダイナミックかつ美しさを競う男子のみの競技。演技の静止や、落下は減点。

屋内競技 | 競技種目

新体操

Indoor Competition | Rhythmic Gymnastics

ロープ、フープ、こん棒、リボンなどの手具を使い、音楽に合わせて13m四方のフロアで演技する。

注目選手

最高のパフォーマンスみせちゃうわよ！

美を追求するが どこかユーモラス

バランス感覚抜群！

ペリカン

選手プロフィール

水泳	■■■■■	飛行	■■■□□
捕食	■■■■□	体力	■■■□□
連携	■■■■■		

出身地 トルコ

食生活 魚ばっかり

性格分析 見られるのが好きなタイプ

鳥類の多くは「美」を追求する。色鮮やかな羽や、派手な求愛ダンス、美しいさえずりなど独特の美的センスを持つ。芸術性を競う新体操では、ペリカン選手に注目。**群れで輪になって漁をする連係プレーは新体操団体のような美しさそのもの。**特にモモイロペリカンは上品なピンク色でオスでも女子力が高い。大きなクチバシは漁網用だけでなく、背中をかいたり、意外に器用になんでも使える。

予想

繊細で美しいユーモラスな演技

ペリカン選手は、カモの仲間より水かきが1枚多く3枚あるので、安定感がある。また、ノド袋があるのも特徴で、暑いときや求愛でノド袋をヒラヒラ震わす様子は、リボン演技のように繊細で美しく、どこかユーモラス。

ペリカン選手は、体の重心が胃にあるため、大量の魚を飲んでもバランスをくずさないで空を飛べる身体的能力がある。そのため、試合前でも緊張せずについ食べ過ぎてしまい、動きがにぶくなるのが不安材料だ。

主な出場選手

◎ペリカン
○ムクドリ
▲レミング
△フラミンゴ

結果

コミカルなペリカンダンス

ありがとうございました!! ペリカンさんの余興タイムでした!!
では引き続き競技のほうを…
ちょっと!
アタシも選手!! 今のは演技なの!!
アハハハ 変なダンス～

金 ペリカン
銀 レミング
銅 フラミンゴ

つい、競技であるのを忘れてしまいました

楽しいダンスでしたねぇ。得点も期待できますよ!

もっとこの競技を知ろう! 体操は大きく、体操競技・新体操・トランポリンの3種類に分けられる。新体操は個人総合と団体がある。

トランポリン

トランポリンによるアクロバティックな空中演技で華麗な演技度と難易度の合計点で競う体操競技。

注目選手
鳥だって、捕まえちゃうよ！

空中バランスは ほ乳類界ナンバー1

実力はトップクラス！

カラカル

選手プロフィール

ジャンプ	■■■■■
バランス	■■■■■
素早さ	■■■■□
根性	■■■□□
体力	■■■□□

出身地　カタール

食生活　ネズミ、小鳥にかたよる

性格分析　ストイックで短気

単独で狩りをするネコ科動物は、運動神経がズバ抜けて優れ、アクロバティックな動作を得意としている。ただし、トラなど大型のネコ科は動きがにぶくパワー系なので、本種目には向かない。そこで注目はアフリカ出身のカラカル選手。**トランポリン無しでも、垂直に3m以上、楽にジャンプできる。**空中で姿勢を瞬時に調整して、**1回のジャンプで、鳥の群れから複数羽捕まえることができる**技を持つ。

予想

ふさふさの耳の毛でおしゃれポイントも高い

トランポリンは、技術だけでなく〝華麗さ〟も重要視される。カラカルは、**耳の先端にちょんちょりんの房毛が付いているオシャレ番長**で、見た目のポイントも高い。尻尾も長めなので、よりダイナミックな姿勢が強調されて演技点が期待できる。

カラカル選手は、**ジャッカルやハイエナから獲物を横取りするほどの勝ち気な性格**だが、それが裏目に出ると演技の判定の不満を審判員にぶつけ、暴言を吐く恐れがある。

主な出場選手

◎カラカル
○サーバル
▲スプリングボック
△インパラ

結果

「華麗さ」という名の才能

金 サーバル
銀 カラカル
銅 スプリングボック

ピョーーン
ピョーーン
やりました カラカル選手 トップです!
やった!!
さあ続いて 登場するのは …
サーバル選手です!!
キャー
キャー
サーバルくーん
キャー
もう彼の 優勝でいい ですね♡
キャ キャ
なんで やねん!!
ハーイ

サーバル選手、“華麗さ”でカラカル選手を上回る高得点！

技だけでなく、見た目も大事ですからね！

もっとこの競技を知ろう！ 2000年からオリンピック競技となったトランポリンは、男子と女子の個人のみの種目。男子はジャンプの高さが7ｍに達する。

屋内競技 | 競技種目

フェンシング

Indoor Competition | Fencing

ヨーロッパ発祥の対戦競技。中世騎士の剣術が元。フルーレとエペは突きの攻撃のみ有効。

注目選手
とがったアゴで、ビシバシ叩いちゃうよ！

時速100km！水中最速の魚による超高速な剣さばき！

剣の扱いは天下一

バショウカジキ

選手プロフィール

素早さ	■■■■■	根性	■■□□□
水泳	■■■■■	体力	■■■□□
頑丈さ	■■■■■		

出身地 パプアニューギニア

食生活 小魚、イカにかたよる

性格分析 ドSなタイプ

切る攻撃の刀ではなく、突きをする細い剣の扱いに慣れている動物が選考対象となる。その筆頭となるのはカジキ選手。大型種は全長4ｍ、体重700kgになる超巨大魚。なかでもバショウカジキは**水中で最も速く泳げる魚で、時速100kmでの移動が可能**。この速さはフェンシングの14ｍの細長いピスト（試合台）を0.5秒で駆け抜けられる俊敏さだ。鋭く伸びた上アゴを武器に、素早い剣さばきで相手を圧倒する。

予想

刺すことに使わずに叩くのが心配の種

カジキ選手の剣（吻）は特殊な構造で、**ほ乳類の馬の骨の太い部分と同じ強度があり、簡単には折れない。**先も鋭く、天敵のサメに突き刺せば確実に致命傷を与えられるだろう。

しかし、カジキ選手はこの剣を刺すとには使わない。**獲物の魚、イカ、カニを見つけると、剣を振り回して叩きつけてフルボッコにしてしまう。**気絶した相手を執拗に叩いて食べる行為は、フェンシングでは非紳士的行為でレッドカードの対象となる。

主な出場選手

◎バショウカジキ
○イッカク
▲クロサイ
△ジャクソンカメレオン

結果

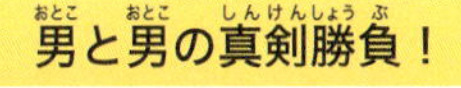
男と男の真剣勝負！

金 イッカク
銀 バショウカジキ
銅 クロサイ

バショウカジキvsイッカク!!
夢の対決です!!

!!

いや～負けたよ…
長いねぇ
だろ？
けっこう
大変なんだぜ
いや、
長さ比べ
なんかーい!!

バショウカジキ選手、イッカク選手は、オス同士で長さ勝負をするようですね

この決勝に来て、普段の習慣が出てしまいました

もっとこの競技を知ろう！ 先攻者に攻撃権があるフルーレ、決闘を起源とする先に突いた方の得点となるエペ、騎上の戦闘を起源とするサーブルの3種類の競技がある。試合前に敬礼をするなど騎士道の精神が重んじられている。

屋内競技 | 競技種目

レスリング

Indoor Competition | Wrestling

組み合って相手の両肩を1秒以上マットに着けて負かす（フォール）競技。

注目選手

なぜ、咬まないかって？血を見るのが苦手なんだよね〜
大きな体を駆使して相手をねじふせる！

フェアプレーで「金」を狙う！

ミズオオトカゲ

選手プロフィール

パワー　闘争心
寝技　体力
素早さ

出身地 ミャンマー

食生活 ネズミ、小鳥、卵

性格分析 怒るツボがわかりにくい

レスリングには、俊敏性、粘り強いスタミナ、闘争心、フェアプレーが求められる。そんな中、注目はミズオオトカゲ選手。**レスリングは低い姿勢の間合いが有利なので、小柄な動物の選出が多いが、ミズオオトカゲ選手は全長2.5m、25kgと大柄。**繁殖期にオス同士が出会うと、咬んだり、ひっかいたりではなく、後ろ足で立って組み合い、レスリングのようなルールで闘い、敗者はその場を立ち去るのだ。

予想

ブラックデビルだけど実は結構いいやつ？

ミズオオトカゲ選手は、グレコローマン・スタイルで、腰から下を攻めない。組み合いになるとなかなか決着がつかず、途中、中断をはさんで試合を再開する。**ブラックデビルの異名を持つとおり、見た目はものすごく恐いが、実はスポーツマンシップにのっとって戦うのだ。**

地リスの仲間のモンゴルマーモットも、モンゴル相撲で闘いの決着をつけ、咬んだり引っかいたりせず、競技のルール内で正々堂々と争う。フェアプレーの戦いの結果はいかに？

主な出場選手

◎ミズオオトカゲ
○モンゴルマーモット
▲テン
△コアラ

結果

地獄からの使者

やりました マーモット選手 決勝進出〜!!
よっしゃあ この勢いで優勝だい!! 決勝の相手は誰だ!?
俺だよ…
シャアアアアアァ
…棄権しますぅ
ミズオオトカゲ選手金メダル〜!!

金 ミズオオトカゲ
銀 モンゴルマーモット
銅 テン

モンゴルマーモット選手、戦う前に逃げ出しました

ブラックデビルの異名は、伊達じゃないですね！

もっとこの競技を知ろう！ レスリングは、紀元前のヨーロッパ発祥の格闘技で、古代オリンピックから人気種目だった。タックル中心のフリースタイルは男女6階級ある。投げ技中心のグレコローマンは男子のみ6階級ある。

屋内競技 | 競技種目

ボクシング

Indoor Competition | Boxing

グローブをはめた左右の拳で、上半身を打ち合い
どちらかのダウン、もしくは判定で勝敗を決める。

相手と距離をとりながら のけぞりパンチ！

注目選手

コーチ、俺の成長を見ていてください！

コーチ（シャコ）を招いて猛特訓中

ワラビー

選手プロフィール

パワー	■■■■■	根性	■■■■■
速さ	■■■■■	体力	■■■■■
ジャンプ	■■■■■		

出身地 オーストラリア

食生活 ベジタリアン

性格分析 あまり一生懸命にならない

ボクシングは、拳を使った格闘技。体力、技術はもちろん、闘志むき出しのメンタルが重要だ。ボクシングというとカンガルーをイメージする人が多いが、カンガルーは足によるキックも多用するのでキック・ボクシングに転向する選手が多い。そんな中、**小型のワラビーは、パンチで決着がつくため、競技人口が多く、選手層も厚い。**ちなみに、カンガルーとワラビーは分類学的な区別ではなく、単に大きさの呼び名だ。

プチ情報 カンガルー類の階級別選手

カンガルー類には、ネズミカンガルー科とカンガルー科がありその数約60種ほど。大きさ別に分かれているが、ボクシングがヘタくそな種類もある。

・ヘビー級	アカカンガルー
・ミドル級	オオカンガルー
・ウエルター級	ワラルー
・ライト級	ドルコプシス
・フェザー級	ワラビー
・バンタム級	クアッカワラビー
・フライ級	ネズミカンガルー

女子にも人気急上昇！

カンガルー選手が厳しい荒野で暮らすのに対して、ワラビー選手は都市近郊の森で暮らすシティー派。若いワラビーは「ジョーイ（joey）」と呼ばれ、最近、女性ファンが急増中。草を手で握りながら食べる姿が人気だ。反芻（一度飲みこんだ食物を再び口の中に戻して噛んで飲みこむこと）は苦手でときどき口から吹き出す。

練習風景

シャコーーーン!!
!!
パリン

史上最強のボクサーとうたわれた、生きるレジェンドであるシャコ元選手。目に見えないほどの高速パンチで貝を叩きわる。

シャコ元選手は、現役を引退し、ワラビー選手のコーチを務めています

現役選手にも引けをとらない、猛烈なパンチですね！

予想

のけぞりながら敵と距離をとり両手でパンチするスタイル

カンガルー類の多くは、オスが繁殖期にメスをめぐってケンカする。いきなり殴り合わずに、**上半身をお互い大きく見せる〝ポンピング〟**という動作をして、決着がつかないと、試合開始のゴングが鳴ることとなる。

ワラビー選手は、両手を交互に繰り出して相手の顔を殴ろうとする。足に比べると、貧弱な腕のパンチはダメージはそれほど無いが、お互い**顔を殴られるのを嫌がって大きくのけぞるため、腰抜けボクシング試合**となる。敵の攻撃をよけて、いかにクリーンヒットをかせげるかが勝負の分かれ目となるだろう。

前回王者のマレーグマ選手は万全の態勢。必殺のネコパンチを引っさげて、初出場するサーバル選手も優勝候補に名乗りをあげる。

主な出場選手
◎マレーグマ
○ワラビー
▲チンパンジー
△サーバル
身軽さだったら、誰にも負けないよ
チンパンジー
俺のパンチは、そうとう重いぜ！
マレーグマ
リーチのあるネコパンチを受けてみろ！
サーバル
敵の攻撃をかわして、打つべし、打つべし
ワラビー

金 マレーグマ
銀 ワラビー
銅 サーバル

結果

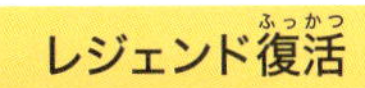
レジェンド復活

あ〜っと パワーの差か!? ワラビー選手ノックダウン!!
マレーグマ選手金メダル〜!!

弟子よ、強敵相手によくがんばった。胸をはりなさい
師匠…!
へっ、何が師匠だ!! シャコ野郎はスシに乗ってな(笑)

バキッ
ドスッ

小僧…ナメたらいかんぜよ
シャコ師匠、金メダリストをKO〜!!

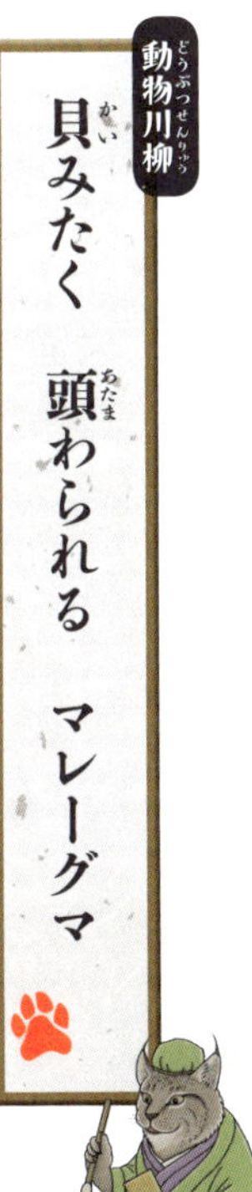
動物川柳
貝みたく 頭わられる マレーグマ

もっとこの競技を知ろう! 東京オリンピックでは体重別で、男子が8階級、女子が5階級で実施される。

屋内競技 | 競技種目 柔道

Indoor Competition | Judo

日本発祥の格闘技として世界的に普及する。投げ技、固め技、当身技を駆使して戦う競技。

注目選手
木登りが得意なのは、ヒグマから逃げるためです。てへっ

小さなクマが、大きなクマを倒す最強の柔道家への道！

最強のクマを目指す！

アメリカクロクマ

選手プロフィール

パワー	■■■■□
根性	■■■□□
寝技	■■■□□
体力	■■■□□
頑丈さ	■■■■■

出身地 アメリカ

食生活 小動物、木の実

性格分析 からまれやすいタイプ

柔道では、相手を倒す腕力から、寝技の展開の強さまで総合力が求められる。総合格闘能力において、動物界最強を誇るのはクマをおいて他にいない。注目は、アメリカクロクマ選手である。**ヒグマよりも一回り小さくパワーでは劣るが、俊敏に木登りしたり、頭脳戦で対抗しようとする。**自然界でも、小ぶりなクマが巨大なクマを投げ飛ばし、寝技に持ち込んでしぶとく闘うケースもある。

予想

最強のグリズリー選手をどの選手が倒すのか？

アメリカクロクマを始めとしたクマは、独占欲が強いことも格闘家に向いており、**恐怖心を感じると逃げずに逆ギレして、潜在能力が覚醒する点も無視できない。**頭に血が上ると、見境なくブチ切れる。

最強を誇るのは北米のヒグマ（グリズリー）選手で、アメリカクロクマを食べてしまうことも。日本の〝お家芸〟と言われていた柔道だが、近年は外国勢に押されて低迷。エゾヒグマ選手、ニホンツキノワグマ選手には、お家芸復活を期待する声が大きい。

主な出場選手

◎ヒグマ（グリズリー）
○エゾヒグマ
▲アメリカクロクマ
△ツキノワグマ

結果

きびしい修行の成果

ヒグマ選手得意の寝技に持ち込むか!?
いいかげんおとなしくおねんねしな!!
グッ
!!

ゴロゴロ
ゴロ〜ッ
ウワアアァ
な、なんと地獄車だ〜!!
アメリカクロクマ選手、一本勝ち〜!!

フッ負けたぜ…
さぞかしきびしい修行を積んだんだろうな
う、うんまあね…
（ひたすらゴロゴロしてただけ…）
パチパチパチパチ…

金 アメリカクロクマ
銀 ヒグマ（グリズリー）
銅 ツキノワグマ

これまで日本勢をなぎ倒してきたヒグマ選手が破れました。大波乱です！

これはまさに『柔よく剛を制す』ですね。アメリカクロクマ選手よくやりました

もっとこの競技を知ろう！ 柔道は男女7階級で競い合う。2020年の東京オリンピックからは男女各3名の計6名による混合団体戦が実施される。単なるスポーツではなく、礼節や精神を重んじる武道のひとつだ。

屋内競技 | 競技種目

空手

Indoor Competition | Karate/Taekwondo

空手は、沖縄発祥の武道・格闘技とされ手足を攻撃的に使い競技する。

宙を舞いながら相手の急所をねらう「鶴拳」がさく裂！

秘めたる力を、解放するときが来たようだ……
注目選手

鳥類の頂点を目指す！

タンチョウ

選手プロフィール

キック	■■■□□	根性	■■■■■
飛行	■■■■□	体力	■■■□□
気性	■■■■□		

出身地 日本

食生活 虫、魚、貝

性格分析 怒らせるとコワいタイプ

突き、蹴り、打ちの三種類の技を使いこなす強豪動物の中で、注目はツルの一種であるタンチョウ選手だ。**中国武術で、ツルの行動からヒントを得た「鶴拳」という拳法もある**ほど格闘要素を持つ。**動体視力、反射神経に優れ、身のこなしも軽やかで3次元的に空間を使いこなす。**全長は140cm以上で、翼を広げると240cmになる身の丈と、尖ったクチバシ、長い脚すべてが武器となる。

予想
頭がさらに赤くなったら究極形態になる!?

フワっと浮いてからの素早い蹴りは、**人間でもお腹に当たれば息ができなくなるほど強烈な一撃**。大きな翼を開いた威嚇のポーズは相手を恐怖に落としいれ、クチバシは相手の急所や眼を狙って突いてくる。平時でも強いが、特に**子育て中は天敵がいなくなるほど気性が荒く最強だ**。頭頂には羽がなく、あの赤味は血管が透けて見えているもので、怒ると血流が増え赤味が増し、さらにパワーアップする。こうなると、もう誰にも止められない……。

主な出場選手

◎ヒクイドリ
○タンチョウ
▲オジロワシ
△シマウマ

結果

貴様の攻撃は見切った!!

金 タンチョウ
銀 ヒクイドリ
銅 シマウマ

ヒクイドリ選手とタンチョウ選手の決勝戦!!
実力は互角か!! 鳥類最強はどっちだ!?

フフフ… 貴様の攻撃、見切った!!
な、なにィ!?

タンチョウ(単調)だから!!
どう?
プッ
イラッ
……

おっと、タンチョウ選手、頭が真っ赤になりました

もう誰も止められませんよ。鳥類最強と名高いヒクイドリ選手、ボコボコです

もっとこの競技を知ろう! 空手は2020年の東京オリンピックで新設、組手は男女各3階級で競い、「形」は演武を行う。

屋内競技 | 競技種目

ウエイトリフティング

Indoor Competition | Weightlifting

バーベルを両手で頭上に持ち上げ、その重量を競う。筋力のポテンシャルを引き出せるかがカギ。

俺は、いつだって全力だ！
人間に換算すると1tもの重量を軽々と持ちあげる！
注目選手

昆虫界のキングが参戦！

カブトムシ

選手プロフィール

パワー	■■■■■	根性	■■■■■
投力	■■■■■	体力	■■■□□
頑丈さ	■■■■■		

出身地 日本

食生活 熟れた果実、樹液

性格分析 他人の忠告を聞かない

重量挙げは、単なる筋肉量だけでなく、そのポテンシャルを引き出す集中力と精神力がカギになっている。そこで注目となるのが、チビッコたちにも大人気の昆虫王・カブトムシ選手。何も考えずに目の前の大きなモノをためらわずにガシガシ持ちあげる猛者だ。**メンタルがとにかく強い。……というか、何も考えていない。**食う、寝る、投げるの３つがライフスタイルで、無心で**自分の体重の20倍以上の重さを持ちあげる。**

予想

「投げ飛ばしたい欲」を抑えられるかがカギ

カブトムシ選手の不安は、「投げ飛ばしたい欲」を止められないこと。重量挙げは頭上で静止しなくてはならないが、つい投げ飛ばすクセがある。

ライバルとなるのは、霊長類最大で体重200kg越え、握力500kgと言われるゴリラ選手（オス）だ。筋力のポテンシャルは非常に高いが、争いごとや勝負時に、全力を出すことをためらう性格。自分の体重の25倍以上のモノを運べるアリ選手や、体長の150倍ものジャンプ力を誇るノミ選手も注目だ。

主な出場選手

◎カブトムシ
○ゴリラ
▲アリ
△ノミ

結果

キープができなくて……

ふんッ
グオッ!!
カブトムシ選手さすがの怪力～!!
おりゃあ～～!!
ブンッ
わー
…残念!!
いつものクセが出てしまった～!!

金 アリ
銀 ノミ
銅 オオクワガタ

ゴリラ選手は、やはり本番で力を発揮できませんでした

表彰台は、昆虫勢の独占ですねぇ！

ちなみにヒトの記録は？ 2016年 105kg超級のラシャ・タラハゼ（ジョージア）の合計重量473kg（スナッチ、クリーン&ジャーク）。

屋内競技 | 競技種目 スポーツクライミング

Indoor Competition | Sports Climbing

15mの壁をふたりの選手が同時に登り速さを競う「スピード」の他、計3種の競技がある。

落ちたら死んでしまう断崖絶壁でトレーニング

注目選手
マイホームは崖にあるんだ!

岩登りのスペシャリスト

ゲラダヒヒ

選手プロフィール

パワー	■■■■■	根性	■■□□□
バランス	■■■■■	体力	■■■■□
執着	■□□□□		

出身地 エチオピア

食生活 ベジタリアン

性格分析 マジメで温和なタイプ

スポーツクライミングは、**自分の体を指先だけで支える驚異的な握力と腕力が必要**だが、時間内での駆け引きや戦略がとても重要になる。垂直の崖を得意とする動物は意外と多いが、注目はエチオピア出身のゲラダヒヒ選手。霊長類でありながら、森ではなく草原に適応進化している。そのため、夜間はヒョウなどの天敵に寝首をかかれないように、**誰も登れない、とんでもなく高い垂壁で寝るのだ。**

プチ情報
ゲラダヒヒ選手の手汗

ヒトは握力が弱くなり、日常でツルツルしたものを握ることが多いので、「汗は滑る」というイメージを持つだろう。しかし野生のサルたちは、手をついて歩くので砂埃が手のひらについてカサカサに乾燥し、滑りやすくなる。そこでうっすら湿らせると砂埃が取れてグリップ力が増す。逆にヒトは汗を抑える滑り止めを手につけるが、これは緊張するほど手汗が出るためだ。

サルたちの握力

サルの仲間は親指がほかの指と違う方向に動かせ、ものをつかむのが得意。チンパンジー、ゴリラ、オランウータンは、指1本でぶら下がれるパワーがある。そのため、動物園の檻は、握力500kg以上の曲げられない想定強度で作る。うっかり握手すると、彼らはイタズラで人間の手を握りつぶすこともあるので注意。

練習風景

ごろん..
ぐー
ぐー
ぐー
ぐぉー

ゲラダヒヒ選手は日常が練習。絶壁で眠るため、落ちれば命はない。

天敵から逃れるために、崖で眠っているようですね

天敵から逃れるよりも、むしろ危険な気がしますね

ポテンシャルは高いが争いは好まない性格

ゲラダヒヒ選手は、**幼い頃から夕方になると群れのみんなで、崖を登る。**もちろん、ホールドやカンテなどの安全のための道具はなし。登るだけではなく、数十メートルの垂壁の、ちょっとしたスペースで寝てしまう強者っぷりを発揮する。しかし、気性の荒いヒヒの中では、ゲラダヒヒ選手は**争いごとを嫌う温和な性格。**そもそも競技で勝ちに執着できるかどうかが不安材料だ。

ライバルのシロイワヤギ選手は握力を一切使わずに登っていくが、オーバーハング（反り返った崖）を克服できないのが課題。また、天敵であるヒョウ選手と同組になった場合、緊張して実力を出し切れるのかも心配だ。

主な出場選手
◎ゲラダヒヒ
○シロイワヤギ
▲ヒョウ
△カモシカ
崖とは、私たちを守ってくれるもの
木登りで鍛えた技を披露しよう
ヒョウ
ゲラダヒヒ
日本の崖で、練習しているんだ
天敵から逃げるために、断崖絶壁は、いつも歩いて特訓しているよ
カモシカ
シロイワヤギ

金 ゲラダヒヒ
銀 ヒョウ
銅 カモシカ

結果

知られざるもうひとつの顔

さあシロイワヤギ選手ゲラダヒヒ選手に追いついた!!
金メダルは俺のもんだ!!

ニコニコ…
?
シャアアアァァ
!!

わ―――!?
ズルッ
フフフ…
シロイワヤギ選手脱落～!!

動物川柳

戦わず　勝ちをもぎとる　鬼の面

もっとこの競技を知ろう！ 2020年の東京オリンピックで新設。トップの選手は「スピード」の15ｍの壁を5秒台で登る。他には、4ｍの壁を制限時間内でいくつ登れるか競う「ボルダリング」、制限時間内に15ｍの壁をどこまで登れるか競う「リード」の3種類の競技がある。

WORLD CUP

サッカーの頂点を決める!

どうぶつサッカーワールドカップ

予想

各大陸の選抜動物たちが世界の頂点を目指す!

4年に1度のサッカーワールドカップが、東南アジアのタイを舞台にいよいよ開幕。今大会の事前予想では、超高速FW陣を擁するアフリカ代表の優勝予想が多い。しかし、個人技に優れ得点力も高い南米代表や、海外で活躍する選手が多いアジア・豪州代表も初優勝の可能性は十分ある。また、鉄壁のDFのヨーロッパ代表や、手堅いプレーを展開する北中米代表もチーム力は安定している。どこが優勝してもまったくおかしくない、大混戦が予想される。

多彩な攻撃ができるファンタジスタ軍団！

アフリカ代表 ANIMAL FOOTBALL WORLDCUP | Africa

FW
リカオン
FW
チーター
FW
サーバル
MF
ブチハイエナ
MF
バッファロー
MF
クロサイ
MF
ハイラックス
DF
コビトカバ
DF
マルミミゾウ
DF
ラーテル
GK
ゲラダヒヒ

監督：ライオン（選手兼任）

サブ：FWブラックマンバ／MFキリン／DFグレビーシマウマ／DFカバ／ GKゴリラ

戦力分析

バッファロー選手を司令塔に、多彩なパスが繰り広げられる。期待された長身のキリン選手は、背が高すぎて決定力不足のため控えに回ったが、大会屈指の超高速FW陣・チーター選手、リカオン選手に加えて、空中戦にも強いサーバル選手、どんな体勢でもハンドにならないブラックマンバ選手が控え、大量得点は間違いない。110得点で得点王（百十の王）になった伝説を持つライオン監督は、GKもこなすマルチプレイヤーで、今だ現役だ。

鉄壁の守りからの
カウンター攻撃!

ヨーロッパ代表 ANIMAL FOOTBALL WORLDCUP | Europe

FW
クロテン
FW
オオヤマネコ
MF
クズリ
MF
ギンギツネ
MF
バーバリーマカク
MF
ヨーロッパカワウソ
DF
ジャコウウシ
DF
ヨーロッパバイソン
DF
ヘラジカ
DF
ダマジカ
GK
ホッキョクグマ

監督：オオカミ

サブ：FWノウサギ ／FWムフロン／DFトナカイ ／GKヒグマ

戦力分析

守護神のホッキョクグマ選手を筆頭に、ジャコウウシ選手、ヨーロッパバイソン選手、ヘラジカ選手の鉄壁のDFを破るのはかなり難しい。守りからカウンター攻撃への切り替えは、司令塔のギンギツネ選手にかかっている。終盤のパワープレーでは、ヘディングに強いムフロン選手の出場機会もある。戦術家で名高いオオカミ監督による、相手チームの弱点を分析しつつ行うサプライズの選手起用がドンピシャで連勝中だ。

南米代表

ANIMAL FOOTBALL WORLDCUP | South America

FW
ジャガー
FW
タテガミオオカミ
FW
マーラ
MF
ヤブイヌ
MF
フサオマキザル
MF
ナマケモノ
MF
ハナグマ
DF
アルパカ
DF
メガネグマ
DF
カピバラ
GK
オオアリクイ

監督：アルマジロ

サブ：FWオセロット／MFアカウアカリ／DFアメリカバク／GKコアリクイ

戦力分析

個人技に優れた集団だが、アルマジロ監督の指示にまったく従わず、ゴタゴタが多い。GKのオオアリクイ選手は、PKのときに大の字になってゴールマウスを死守する。中盤のナマケモノ選手はポストプレーを得意としているが、前の試合で遅延行為によりイエローカードを1枚もらっている。頭脳派MFフサオマキザル選手のキラーパスから、世界中に女性ファンが多い得点王タテガミオオカミ選手の華麗なシュートに注目が集まる。

超技巧派ぞろいだが、
統率力は欠如！

チーム一丸となれば、驚異的な強さを発揮！

北中米代表 ANIMAL FOOTBALL WORLDCUP | North & Center America

FW ピューマ
FW オポッサム
MF ビッグホーン
MF アメリカクロクマ
MF スカンク
MF シロイワヤギ
DF ミシシッピーワニ
DF ワピチ（アカシカ）
DF アメリカバイソン
DF オジロジカ
GK アライグマ

監督：コヨーテ

サブ：FWボブキャット／FWオオカミ／MFクビワペッカリー／DFトナカイ／GKグリズリー（ヒグマ）

戦力分析

全体的に派手なプレーをする選手が少ないが、スタミナがあり、手堅いプレーでカウンターを狙う。小柄ながら手を使うことがうまいGKアライグマ選手。ストライカーのピューマ選手は、空中戦やヘディングが光る。またオポッサム選手はペナルティエリア内でファウルをもらいにいくが、演技がうますぎて、本当に死んだと思われて救急車が出動する騒ぎになることも。コヨーテ監督と、オオカミ選手の戦術を巡る確執は深い。

アジア・豪州代表

ANIMAL FOOTBALL WORLDCUP | Asia & Australia

FW
ドール
FW
シマハイエナ
MF
アムール
トラ
MF
ジャイアン
トパンダ
MF
マレー
バク
MF
ニホン
イノシシ
DF
モウコノ
ウマ
DF
アジア
ゾウ
DF
ツキノワ
グマ
DF
キョン
GK
フクロテナガザル

監督：ニホンザル

サブ：FWゴールデンキャット／FWアカカンガルー／MFビントロング／DFウォンバット／GKシロテテナガザル

戦力分析

チームバランスは全チーム屈指のものがある。GKは、大会ナンバー1といわれるフクロテナガザル選手で、数キロ先までよく通る声で指示を出す守護神だ。攻撃的サイドバックのモウコノウマ選手、キョン選手は、運動量が多くサイド攻撃には欠かせない。また、ジャイアントパンダ選手、マレーバク選手のダブルボランチは、相手選手から白黒のサッカーボールが一瞬消える魔球が武器。ニホンザル監督は、ピッチの選手に興奮して指示を出すと、顔が赤くなる。

実力急上昇中、
今大会のダークホース！

結果

最多となる3勝でアフリカが優勝

	アジア	アフリカ	ヨーロッパ	北中米	南米	勝/負/引	得失点	順位
アジア	-	2-1	0-1	1-2	2-2	2/1/1	−1	2
アフリカ	3-2	-	2-1	1-2	3-2	3/1/0	2	1
ヨーロッパ	1-2	1-3	-	1-1	2-1	1/2/1	−2	5
北中米	1-0	1-1	0-1	-	1-2	1/2/1	−1	4
南米	3-2	1-2	0-1	3-1	-	2/2/0	1	3

1. アフリカ
2. アジア・豪州
3. 南米
4. 北中米
5. ヨーロッパ

総評 予想通りアフリカが優勝。アジア・豪州が大健闘で2位。南米はヨーロッパ戦でロスタイム失点の痛恨の負けがひびいた。北中米は失点は少なかったが決定力不足。ヨーロッパは得失点差で5位だが試合内容はまずまず。次回4年後の大会は中東のドバイで開催予定だ。

このプレーがアフリカ代表に火をつけました。本気のアフリカによる怒涛の攻撃で、あっという間に3点奪い返し、優勝です

リカオン選手、チーター選手の高速ドリブルは、誰にも止められないですね

決勝　アフリカ代表 VS アジア・豪州代表

パンダ秘技!!『見えないドリブル』!!
なっ…あれは!?

ボールが消えたぞ!?

そんなバカな

みんな落ち着け…
あ

コラー!
このまま先制いただき

4
第4章
球技
Ball Games
知性や動体視力、チームワークを駆使しながら、フィールドを駆け回る動物たち。ボールとの共演が、意外な能力を開花させる⁉

球技 | 競技種目

テニス

Ball Games | Tennis

ラケットでボールを打ち合う球技。発祥は紀元前のようだが、16世紀のフランス貴族が普及させた。

コートを素早く動き回り
強烈なフォアハンドショット
でとどめをさす！

注目選手
オマエの動きは、すべて見切った！

最高峰のテニスプレイヤー

チャボ

選手プロフィール

パワー	■■■□□	記憶力	■□□□□
機敏さ	■■■■■	根性	■■■■■
動体視力	■■■■■		

出身地 ベトナム

食生活 種子、虫

性格分析 熱血漢で暑苦しい

テニスでは、全身の筋肉をバランス良く使うが、膝の曲げ伸ばしに重要な大腿四頭筋、**鋭いフォアハンドのショットで重要な大胸筋を使いこなせるかがカギ**。注目は、チャボ選手。鳥類は飛ぶために骨が軽量化されていながら、自分の体を宙に浮かせる強靭な筋肉の塊でもある。加えて体幹が強く転ばない。ニワトリの品種であるチャボ選手は、キジの仲間ならではの**高速ジグザグの動きも得意**で、攻守に活かせる。

予想

小回りをきかせた動きと動体視力で敵を圧倒

チャボ選手は、小柄ながら尾羽が常に上を向くので小回りがきき、狭い場所でのクイック・ターンが得意で、接近戦・ラリーにめっぽう強い。**動体視力がほ乳類よりはるかに良く**、ライン際のボールを見切れるだけでなく、相手サーブの一瞬の軸足方向やラケットの角度も読みとれる。

さらに、**気が強く決してあきらめず、強い相手でも闘いを挑む**。ただし数の計算が苦手で、すぐ試合カウントがわからなくなる。状況に応じた、微妙な試合の駆け引きは苦手かもしれない。

主な出場選手

◎チャボ
○チンパンジー
▲ベローシファカ
△フェネック

結果

くらえ！　必殺技

俺だって飛ぶときゃ飛ぶぜッ!! おりゃあああッ!!
で、でたー チャボ選手の必殺『エア・チャボ』だあああ!!
ドッギャーーーン

なっ… なにィィ
…ち、近い…
はっ
…ケッコー飛んでしまった
コラー!!

金 チャボ
銀 チンパンジー
銅 ベローシファカ

チャボ選手、ちょっと飛びすぎました

しかし、チャボ選手の優勢は、変わりませんね

もっとこの競技を知ろう！ テニスという名前は、サーブのときのかけ声『トゥネス（取れるもんなら、取ってみろ！）』がなまったもの。オリンピックでは第1回から採用。テニス4大大会は、全豪オープン、全仏オープン、ウィンブルドン選手権、全米オープンがある。ちなみに、テニス普及の地のフランスの国鳥はニワトリ。

球技｜競技種目

バスケットボール

Ball Games | Basketball

1チーム5人で手を使ってドリブルやパスでボールをまわし相手のコートのリングに投げ入れる球技。

スピーディに攻守を入れ替える全員バスケで挑む！

注目選手

大きい相手には、数で勝負だ！

「赤い狼」と呼ばれる軍団

ドール

選手プロフィール

素早さ	■■■■■	根性	■■■□□
連携	■■■■■	体力	■■■□□
頑丈さ	■■■□□		

出身地 中国

食生活 シカ

性格分析 S.W.A.T部隊みたいなタイプ

大型の選手が有利な種目でありながらも、小柄ながらに注目を集めるのがドール選手団だ。**柴犬ほどの小さなイヌ科動物だが、"赤い狼"と呼ばれ恐れられる。**トラ、ヒョウ、クマなどから獲物を奪うこともあり、水牛など大型の獲物を襲う場合は、**ダンクシュートのように、みんなでジャンプして敵の肛門にかじりつく。**自分よりはるかに大きな獲物を団結力で倒す、熱いハートを持つアスリート集団だ。

予想

仲間と陣形を組んで獲物をあぶり出す戦術

ドール選手団は、小柄であるという欠点を戦術"スモールラインアップ"で補う。まず、背が低いので草丈の長い藪ではジャンプして獲物を探し、**横一列の隊列を組んで、じわじわ進み隠れる動物をあぶり出して仕留める。**5頭ほどの群れであれば、敵の動きを鈍らせるバスケの戦術"ピック・アンド・ロール"のように巧みに攻撃を展開する。残念ながら狩りなどに**失敗したときには、キャンキャンと鳴き交わし、結束を強めるためにみんなで同じ場所にオシッコをする。**

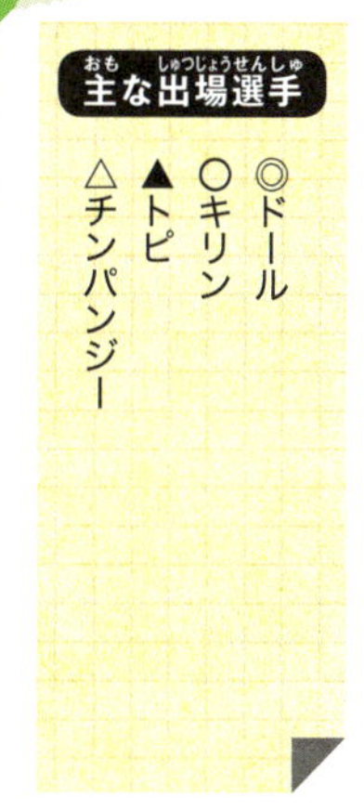
主な出場選手
◎ドール
○キリン
▲トピ
△チンパンジー

結果

分身の術!?

フフフフ
俺たちのスピードに勝てるかな?
なにぃ
ダム
ダム

ズオオオ〜〜
こ…これは
動きが速すぎて40頭に見えるだと…!?

ドールチーム!! ダメですよ40頭も入っちゃ!!
チッ
バレたか
ズルッ

金 ドール
銀 キリン
銅 トピ

しきりなおして試合再開。ドール選手団、巧みな連携です

キリン選手団、ドール選手団のスピードに翻弄されていますね

もっとこの競技を知ろう！ オリンピックだけでなく、FIBAバスケットボール・ワールドカップが4年に1度開催されている。世界最高峰のバスケットボールリーグにアメリカのNBAがある。

球技 | 競技種目

バレーボール

Ball Games | Volleyball

6人制で3回以内のタッチで相手コートに返球。
25点制3ゲーム先取（5セット目のみ15点制）。

注目
選手

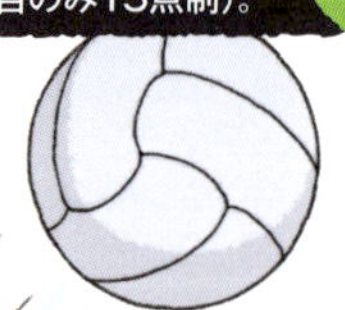

いろいろなアルマジロが一堂に集結し鉄壁の守備で戦う！

どんなアタックも、受けとめてみせる！

最強のレシーブ軍団

アルマジロ

選手プロフィール

頑丈さ　根性
連携　体力
素早さ

出身地	アルゼンチン
食生活	シロアリ、ミミズ
性格分析	冒険しない手堅いタイプ

バレーボールの攻撃の前衛は長身が有利だが、**守備の後衛は小柄な方が有利なことが多い。**注目は南米のアルマジロ選手団だ。オオアルマジロは体長100cm・体重30kgと大型犬なみの大柄だが、ヒメアルマジロは体長10cm・体重100gの手のひらサイズの小柄と、選手層は厚い。**得意の穴掘りで鍛えた腕力はたくましく、コート内を小走りでちょこまかと縦横無尽に動き回る。**実は水泳も得意な体育会系なのだ。

予想

とにかくレシーブ、レシーブ、レシーブ

アルマジロ選手団の一番の魅力は、その装甲にある。**毛が進化してウロコ状の厚い甲羅のようになり、硬さは拳銃で撃たれても即死しないほどとか。**バレーボールは、手以外でボールを受けても良いので、この装甲でがんがんレシーブ。

基本的には、ボールを拾ってつなぐ戦術だが、アタッカー不在なのが深刻な課題。もともとアルマジロは単独性なので、連携プレーは不向きなため、テクニカルタイムアウトでチームの流れを作ることも大切だ。

主な出場選手

◎アルマジロ
○チンパンジー
▲ジャイアントパンダ
△アライグマ

結果

調子を狂わす秘策？

さあ、チンパンジーチーム対アルマジロチームの対戦です
受けてみろ!!
チンパンジーチームからのサーブです

ちょっとやめてよ～
おーい
ボールはこっちだよ
わっ

金 アルマジロ
銀 チンパンジー
銅 ジャイアントパンダ

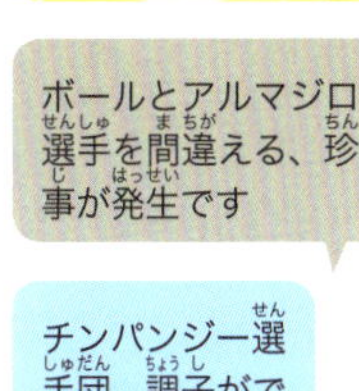
ボールとアルマジロ選手を間違える、珍事が発生です
チンパンジー選手団、調子がでませんねぇ。ミス連発です

もっとこの競技を知ろう！ オリンピック、バレーボール世界選手権、ワールドカップ、ワールドグランドチャンピオンズカップが4大大会とされる。個人技のほか、サインを使った戦術など見どころが多い。

球技 | 競技種目

卓球（団体戦）

Ball Games | Table Tennis

テーブルでラケットを使い、ボールを打ち合い得点を競う。11点制3または4ゲーム先取。

気性の粗さと、ねちっこさでねばり強いラリーを展開！

私が、日本卓球界のエースです！

超攻撃的戦術で攻める！

注目選手

キジ

選手プロフィール

パワー	■■■■□□	気性	■■■■■
機敏さ	■■■■■	根性	■■■■■
動体視力	■■■■■		

出身地 日本

食生活 種子、虫

性格分析 気持ちが空回りするタイプ

小さなボールが時速100km超で飛び交い、3m弱のテーブル上で1mm単位で狙う、パワフルかつ繊細な競技で、素人はプロのボールを眼で追うことすら難しい。**日本チームを引っ張るエースはキジ選手。**鳥は動くものを正確に見ぬく動体視力を持ち、それに対する反射神経も良い。中でもキジは、**ものすごく勝ち気な性格で気性も荒く、同じ攻撃をしつこくする**ので、ラリー時にも勝負強さを期待できる。

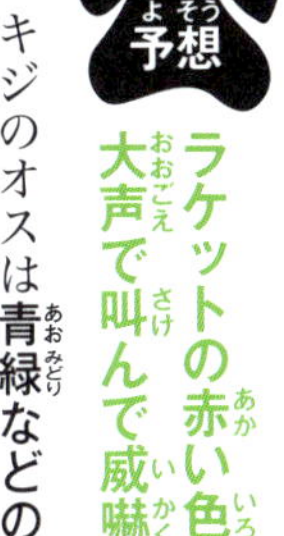
予想

ラケットの赤い色に興奮し大声で叫んで威嚇する！

キジのオスは**青緑などの美しい羽を持ち、目の周りは真っ赤な肉垂があり、ヤル気まんまんの風格をしている。**繁殖期にはオスは赤いものに反応して激しく攻撃するので、試合ではライバルのラケットの色を見ると異常に闘争心を燃やすだろう。

また、強豪選手はポイント時に「サーっ！」とか「チョレイっ！」などの決め言葉を叫ぶが、**キジ選手も挑発されたり、興奮すると「ケーン」と森中に響く大声で叫ぶ。**

主な出場選手

◎日本チーム（キジ、ナキウサギ、ツシマヤマネコ）
○中国チーム（ジャイアントパンダ、キンシコウ、ターキン）
▲ドイツチーム（オオカミ、オオヤマネコ、アシナガワシ）
△韓国チーム（チョウセンヤマネコ、キバノロ、ナベヅル）

結果

キジのプライド

ケーン
キジ選手決めた～!!

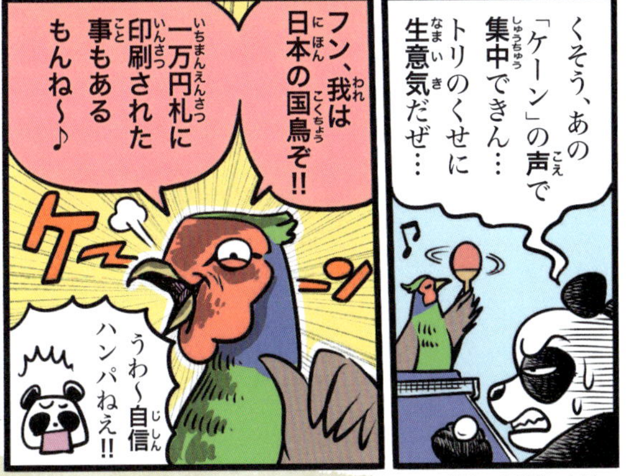
くそう、あの「ケーン」の声で集中できん…トリのくせに生意気だぜ…
フン、我は日本の国鳥ぞ!!
一万円札に印刷された事もあるもんね～♪
ケーン
うわ～自信ハンパねえ!!

金 日本チーム
銀 中国チーム
銅 ドイツチーム

日本のエース・キジ選手、すごいスマッシュだ！

やりましたね、日本チーム。初の団体戦、金メダルです！

もっとこの競技を知ろう！ アジアが起源で、19世紀末にヨーロッパの貴族に伝わり、20世紀に世界的に普及した競技。個人戦と団体戦（3人）があるが、世界卓球は隔年で個人戦と団体戦を交互に行う珍しいスタイル。

球技｜競技種目

バドミントン

Ball Games ｜ Badminton

ラケットを使ってネット越しにシャトルを打ち合い得点を競う。21点制2ゲーム先取。

素早く動くものへの反射行動でシャトルを打ち返す！
注目選手
つい手が出ちゃうんだよね

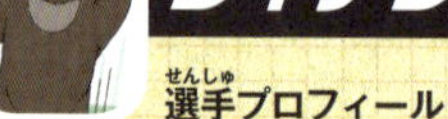

超高速スマッシュが武器

ツキノワグマ

選手プロフィール

パワー	■■■■■	協調性	■■■■■
機敏さ	■■■■■	根性	■■■■■
反射力	■■■■■		

出身地　日本

食生活　小動物、木の実

性格分析　繊細だけどキレると見境無くなる

バドミントンは、あらゆる球技の中で、球（シャトル）の初速が最も速く、時速400kmを超える。これは**動体視力だけでは対応できないので反射的な反撃が必要**。この競技の有力候補はツキノワグマ選手だ。**クマは速く動いたものに、反射的に反応する習性がある。**たとえばオス同士のケンカで、顔をビンタされると、反射的にビンタし返す。走って逃げると、走って追う。この才能をバドミントンで開花させる。

予想 身体能力はバツグンだがダブルスには向かない

ツキノワグマ選手は、実はオリンピック短距離選手並みに足が速い。また飼育下のクマに、飼育係がピーナッツを全力で投げると、余裕で口でキャッチする運動神経と集中力を持つ。武器となる腕の振りはネコパンチより速く、長時間の直立姿勢も可能だ。金メダルは確実と言えるだろう。

ただし、単独性で気が短く協調性が無いため、ダブルスには不向き。日本代表のヒグマとツキノワグマの〝ヒグツキ〟コンビの夢の共演は叶わない。

主な出場選手

◎ツキノワグマ
〇サーバル
▲ボブキャット
△アライグマ

結果

金 サーバル
銀 ボブキャット
銅 アライグマ

そこだけはダメ！

バチン
おっと！ツキノワグマ選手の顔面にヒット〜!!
これは痛そうですねえ…
す、すみませんワザとじゃないんですぅ…
あわわ…
……

ツキノワグマ選手、まさかの棄権です！

シャトルが急所にあたって、戦意喪失しましたね

んもう…帰るっ……!!
グスッ
えっ
鼻先はツキノワグマの弱点なのだ

もっとこの競技を知ろう！ 世界バドミントン選手権大会が、オリンピック開催年をのぞいて毎年開催されている。バドミントンのシャトルとは鳥の羽根をコルクに接着したもので、独特の動きをする。

球技｜競技種目 ゴルフ

Ball Games | Golf

クラブといわれる道具で静止したボールを打ち、穴（カップ）に入れ、その打数の少なさを競う。

紳士のスポーツにダークヒーロー見参!?

注目選手
ただ、ゴルフボールが好きなだけなのに……

のびしろがある有力選手

カラス

選手プロフィール

知力	■■■■■	根性	■■■■■
空間認知	■■■■■	体力	■■■□□
集中力	■■■■■		

出身地	イギリス
食生活	虫、木の実、生ゴミ
性格分析	インテリ・ヤクザ

ゴルフの用語で、ホールごとに決められた規定打数より1打少なくカップインするとバーディ（小鳥）と呼び、2打少ないとイーグル（鷲）、3打少ないとアルバトロス（アホウドリ）、4打少ないとコンドルと呼ぶ。**ゴルフと鳥類は縁がある**ということで、注目選手はカラスである。ボールをこよなく愛すカラス選手は、世界中のゴルフ場に出没し、ゴルフボールをくわえたり、隠したり、**さまざまなイタズラをする嫌われ者**だ。

予想

闇の顔を持つ知的なゴルファー

カラスは鳥類で最も賢く、ゴルフのルールは15分もあれば理解する。また地形の空間認知能力も高いので、コースの特性も理解して戦略を立てる。慎重で丁寧な性格なうえに、記憶力と集中力もスゴい。負けず嫌いな性格と向上心で、同じミスは2度しない。

そんな高いポテンシャルを持つ、のびしろのあるプレイヤーだが、実は裏の顔も持つ。ついつい悪いクセで、他の選手たちのボールを懐に入れて隠してしまうのだ。このせいで、失格となるかもしれない。

主な出場選手

◎カラス
○ハシビロコウ
▲イワトビペンギン
△フンコロガシ

結果

カラスの秘技

『秘技ボール隠し』これで連戦連勝のオレなのさ
?
金メダルはいただきだ

ポーーン
コロコロ…

あれー?
ふふふ…

フンコロガシ選手
ねえ、僕の糞ボール知らない?
オエ〜〜!!
カラス、不正がバレて失格

金 ハシビロコウ
銀 イワトビペンギン
銅 フンコロガシ

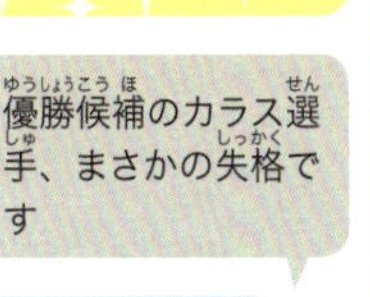

優勝候補のカラス選手、まさかの失格です

紳士のスポーツに、あるまじき行為ですね

もっとこの競技を知ろう! 1ラウンド18種類の穴(ホール)があり、傾斜、芝目、風などを読んで打つ。

球技 | 競技種目

ラグビー

Ball Games | Rugby

楕円ボールを敵陣の一番奥に運ぶなどして得点を競う球技。味方へのパスは後方向のみ許される。

注目選手

ボールさばきは動物界で随一！

投げたら卵みたいに割れるかな？

団結力でメダルをめざす！

コビトマングース

選手プロフィール

パス	■■■■■	根性	■■■□□
団結	■■■■■	体力	■■■■■
頑丈さ	■■■■■		

出身地 タンザニア

食生活 虫、卵、小動物

性格分析 コツコツ仕事を増やしていく

チームの団結力はもちろんだが、扱いが難しい楕円のボールさばきが得意なことが重要となる。注目はアフリカ出身のコビトマングース選手団。**マングースの仲間では小さい方だが、運動量が半端ない。**広いテリトリーを持っていて、**陣地拡大には精力的なのでラグビー向きの性格だ。**家族中心の15頭前後の群れは絆がとても強く、メスは弟や妹の世話をマメにするなど、後輩の育成もしっかりしている。

予想

団結力は強いがオスはヘタレが多い

コビトマングース選手の最大の売りは、ラグビーのような行動を日常でやっていること。鳥の卵が大好物で、卵を見つけるとラグビー選手のように抱えて運び、**股下から勢いよく岩にぶつけ殻を割って食べる。**難しいボールさばきはお手のもの。

また、**コブラなど難敵には全員で立ち向かう**〝モビング行動〟もみられるなど団結力は強い。ただし、リーダーは常にメスで、群れのオスたちはたよりないヘタレが多い。

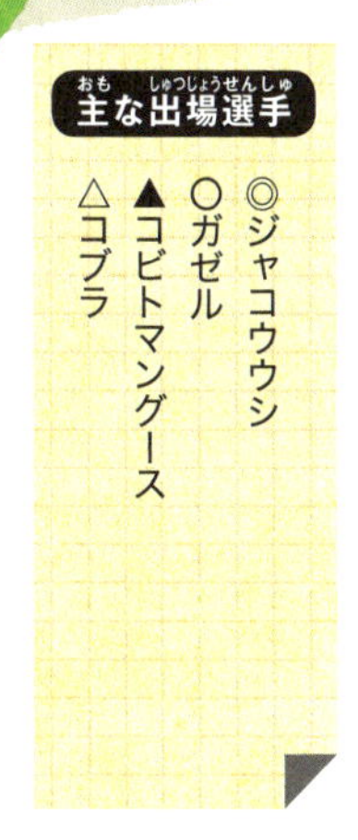
主な出場選手
◎ジャコウウシ
○ガゼル
▲コビトマングース
△コブラ

結果

家族の事情

ハイッ!!
ブン

行け行けー!!
ドドドドドド…
だめだ
パス…

って、なんで誰もいないの〜?
オロオロ
男だろ!!突破しな!!
あたしらは育児で忙しいの!!
おーよちよち

金 ジャコウウシ
銀 コビトマングース
銅 ガゼル

家族チームならではの問題が露呈しましたね

決勝は、ジャコウウシ選手団の勝利に終わりました

もっとこの競技を知ろう！ 19世紀のイギリスでサッカーの試合中に、突然ボールを手で持ってゴールしたのが、ラグビーの種目ができるきっかけと言われている。

予想

野球の王者を決める！国別決戦！

どうぶつWBC

ワールド ベースボール クラシック

WORLD BASEBALL CLASSIC

各国の選抜動物たちが世界の頂点を目指す！

仲間との信頼やチームワーク、そして攻・走・守のバランスのとれたチームが覇者になれる野球。その世界一を決める4年に一度の大会「ワールド・ベースボール・クラシック」がいよいよ開幕する。各国代表が出そろい、4ヶ国に絞り込まれた。前回優勝のアメリカ、準優勝の日本は順当に勝ちあがり、韓国、コスタリカも海外組スター選手揃いで盛りあがっている。筋書きのない新たなドラマが、今生まれようとしている。

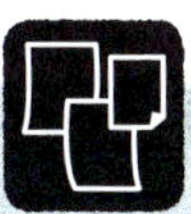

スクープ！注目選手の自主トレ

本誌記者が注目選手を総力取材。今回は琉球工業高校出身、プロ2年目で代表入りを果たしたリュウキュウイノシシ選手。8人兄弟の長男。家族のために活躍できるよう、ハワイで自主トレの汗をキラキラ輝かせていた。

4強の勝負の行方は？

予選リーグを勝ち抜いた4チームが出揃い、準決勝・決勝をトーナメントで対戦して順位を決定していく。

関係者のコメント

カモシカさん（男性）

やっぱり日本だね。オレは第1回の優勝も見てるから

ワピチさん（男性）

今回もアメリカでしょう。イェーイ！

豊山犬さん（女性）

韓国がんばって欲しいです！テーハミング！

優勝

決勝
開催地：アメリカ

準決勝
開催地：アメリカ

準決勝
開催地：日本

アメリカ代表　コスタリカ代表　韓国代表　日本代表

日本代表

ANIMAL WORLD BASEBALL CLASSIC | Japan

NIHONZARU
16

攻・走・守の全力野球で挑む！

戦力分析

日本のプロ野球で活躍する人気選手が集結。さらにメジャーに所属するニホンザル投手もWBCのために帰国。彼のフォークボールによる奪三振ショーが注目される。メジャーでも活躍していたアライグマ選手の、日本国籍の取得による加入も大きい。優勝を狙えるバランスのいいチーム戦力だ。

VS

韓国代表

ANIMAL WORLD BASEBALL CLASSIC | South Korea

戦力分析

メジャーでも活躍中のチョウセンイタチ選手、ドール選手に加えて北朝鮮との国境（38度線）周辺で暮らしていた絶滅したはずのチョウセントラ選手、キタシナヒョウ選手の加入が世界のトップニュースで報道されて話題に。メジャー級の実力は間違いなく、大リーグ全球団のスカウトが接触しているとのウワサ。

絶滅動物の参戦で大幅戦力アップ！

CHOSEN KAWAUSO

韓国代表	日本代表
1. チョウセンイタチ⑧	1. ニホンイタチ④
2. キバノロ⑦	2. ヤクシカ⑨
3. キタシナヒョウ④	3. リュウキュウイノシシ⑤
4. チョウセントラ DH	4. ヒグマ②
5. ドール⑤	5. ニホンカモシカ⑧
6. チョウセンヤマネコ⑥	6. アライグマ DH
7. チョウセンノウサギ⑨	7. ツシマヤマネコ⑦
8. ツキノワグマ②	8. キタキツネ⑥
9. コジネズミ③	9. タヌキ③
投手 チョウセンカワウソ①	投手 ニホンザル①
控え ジャコウジカ	控え ツキノワグマ
監督 カササギ	監督 ミンククジラ

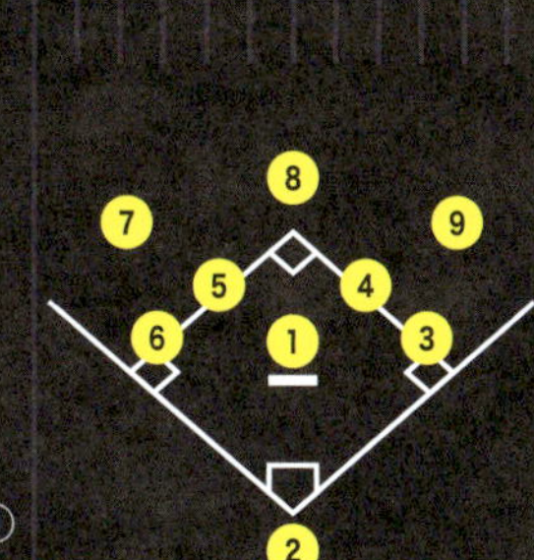
8
7
9
5
4
6
1
3
2

※①～⑨は守備ポジション

結果

準決勝1回戦

アメリカからの外来種め!! 俺が駆逐してやるぜ!!
チョウセンカワウソ選手
笑止!! 我々は今や世界中に生息しているのだ
アライグマ選手

すばらしい投手戦でした。アライグマ選手、甘く入った球を見逃さずよく打ちましたね。ニホンザル選手、完封です

韓国のキタシナヒョウ選手、チョウセントラ選手は、日本の猛暑でバテバテで不調でしたね

おっと…ゴメン、キミたちは絶滅危惧種なんだっけ？（笑）
それを言うなーー!!
ビシュ
甘い球ぁ!!
カキーン
うわあぁぁ
アライグマの動揺作戦成功

韓国代表		日本代表
0	-	1

アメリカ代表

ANIMAL WORLD BASEBALL CLASSIC | America

王者の風格あるパワフル・ベースボール！

戦力分析

前大会の覇者。投手、野手も前回と同じメンバーによる布陣は、経験と実績を買われた厚い信頼の証し。三冠王、ＭＶＰを総ナメのオオカミ選手の実力はさらに磨きがかかる。背番号18・投手プレーリードッグ選手の世界一美しい投球フォームによる活躍で、グッズの売り上げも記録的に伸びている。

コスタリカ代表

ANIMAL WORLD BASEBALL CLASSIC | Costa Rica

戦力分析

独特のフォームで特大アーチを量産するヘラクレスオオカブト選手は、メジャーでもリーグトップの首位打者。また、ベニイロフラミンゴ選手の一本足打法の長打力は、世界のホームラン王・王貞治を彷彿とさせる。センターのウオクイコウモリ選手の守備範囲の広さとレーザービームの返球は大きな武器だ。

実力選手のオールスターチーム！！

60

コスタリカ代表

1. デリカテシマイグアナ④
2. オポッサム②
3. ベニイロフラミンゴ⑦
4. ヘラクレスオオカブト③
5. ウオクイコウモリ⑧
6. ヤシドリ⑨
7. ドミニカアノール⑤
8. ドミニカオカガニ⑥
9. ソレノドン DH

投手 アグーチ①
控え ハチドリ
監督 オサガメ

アメリカ代表

1. ピューマ⑦
2. カナダヤマアラシ⑧
3. コヨーテ⑤
4. オオカミ⑨
5. アメリカクロクマ DH
6. アメリカバイソン ③
7. ヒグマ②
8. アライグマ⑥
9. アメリカビーバー ④

投手 プレーリードッグ①
控え シマリス
監督 カリフォルニアアシカ

※①～⑨は守備ポジション

準決勝2回戦

結果

カキーン
フラミンゴ選手打ったー!! これは大きい!!
よし行けっ
オレにまかせろ!!
ピューマ選手オオカミ選手を土台にジャンプ
しかし高さが足りない～!!
パシッ
よっ
おっと！さらにヤマアラシ選手がジャンプキャッチ!!
ゲームセット!!
そんなのアリかよ!!

ものすごい打撃戦でした。特にアメリカ代表のオオカミ選手のサイクル安打はお見事でした！

最後は、データ分析による好守備によって、コスタリカ代表のホームランをはばみました

アメリカ代表		コスタリカ代表
7	-	6

1 日本
2 アメリカ
3 韓国
4 コスタリカ

総評

1位は2大会ぶりの王座奪還を果たした日本代表。前回王者のアメリカ代表が2位となった。3位決定戦では、韓国代表のチョウセントラ選手のスリーランホームランなどの活躍で、コスタリカ代表を3−1でくだし、3位という結果になった。

日本代表、本当によくがんばりました。すばらしい試合でしたね

今大会のMVPは、日本代表の投手であるニホンザル選手が選ばれました

決勝戦　アメリカ代表vs日本代表

結果

プレーリードッグ選手の好投が続いています
くちゃ
くちゃ
さあ7番ツシマヤマネコ選手
俺は知ってるぜ…

お前はドッグ(犬)なんかじゃねえってことをな…

ネズミの仲間だろどう見ても

…
カキーン
ヘロ〜〜
こんどは日本打線が大解放〜!!
フン
0 − 1
アメリカ代表
日本代表

5
第5章
屋外競技
Outdoor Competition
風や波など、自然を味方につけたものが勝者となる屋外競技。未知なる能力を駆使した、前代未聞のバトルが始まる！

屋外競技 | 競技種目

射撃・アーチェリー

Outdoor Competition | Shooting/Archery

銃器や弓矢を使って、遠くにある標的を撃ち、精度の高さを競い合う。

注目選手

水中から発射し確実に的に当てる射撃の名手！

小さい虫も必ず仕留めるぜ！

狙った獲物は逃さない

テッポウウオ

選手プロフィール

射撃	■■■■■	復讐心	■■■■■
素早さ	■■□□□	体力	■■□□□
計算	■■■■■		

出身地　ラオス

食生活　虫にかたよりがち

性格分析　要領がいいタイプ

弓矢や銃器は草食動物を起源とする人類にとって、離れた場所から相手を攻撃する画期的なものである。この発想と同じ戦術をとる動物は数少ない。そんななかで、東南アジア出身のテッポウウオ選手は、その名の通り、**口にためた水を鉄砲弾のように吹き出すことができる。**マングローブの葉にとまる虫を下から撃ち落として、落ちてきたところを食べる**動物界の孤高のスナイパー**だ。水鉄砲ではあるけれど……。

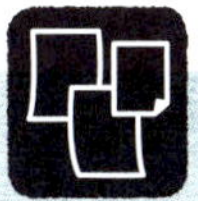

スクープ！ テッポウウオ選手の秘密

- いくつもの偽名を持つ（アーチャーフィッシュ、トキソテスなど）
- 男は無口
- 背後に立たれるのを嫌う
- 依頼は二つ同時に引き受けない
- メインバンクはスイス銀行
- 支払いは番号不揃いの古ドル札
- 欲しいもの　レイバンのサングラス
- 好きなタバコの銘柄　リトル・シガー
- 愛読書『ゴルゴ13』

超A級スナイパーは最強か？

動物界一の狙撃精度を誇るA級スナイパーの秘密に迫る。

（飼育係より）

幼魚のうちは口も小さく、弾（水量）も小さいので狙撃しません。大人だけですよ。

（選手Tより）

最初は、ヘタな奴も多いですよ。水鉄砲なので、天敵への反撃には全く無力です。

練習風景

なにとばしてんねん
おまえもな

ライバルのラマ選手は、反芻した草を吐き出して、的に当てる。体につくとなかなかにおいがとれない。

ラマ選手、熱心に練習していますね。ただ、これは飛ばされたくないですね～

はい～。平たくいえば、あれはゲロですからね……

予想

脅威的な計算力による最高レベルの射撃技術！

テッポウウオ選手の射撃精度はかなり高い。その体長は20㎝ほどだが、1m以上先の獲物に的確に当てられる。**名スナイパーたるゆえんは、射撃をするうえでの計算力の高さにある。**水中と空気中の光の屈折率が異なる中で、水中からそれを計算した角度で狙うのだ。ただし面倒くさがり屋なので、鉄砲を使わずに水面からジャンプして獲物をとることも。また、**弾が水なので弾痕がわかりにくく、毎回審判とひとモメする。**

ライバルのラマ選手は、反芻した草と胃液が混ざった特製のくさい液を発射する。ドクフキコブラ選手は、目に入れば失明の恐れもある猛毒を発射。曲者の選手が集まっている。

主な出場選手
◎テッポウウオ
○ラマ
▲カメレオン
△ドクフキコブラ
私は、動物界のA級スナイパーだ
テッポウウオ
いつでも発射準備OKさ
ドクフキコブラ
気に入らない奴には、ぶちまけてやるぜ
ラマ
飛び道具じゃないけど、大丈夫かな……
カメレオン

金 ラマ
銀 ドクフキコブラ
銅 イモガイ

結果

射撃自慢

俺のツバは超くさいぜぇ
くちゃくちゃ
あーん!? ワシの毒で失明させたろか
シャー
オイラの毒の矢の方が強力でやんす
フフフ…
こらこら、やめなさい!! 我々はオリンピック代表なんですよ!?
ピュッ
私の射撃を華麗な見習いなさい!!

審判
ぎゃ
狙った獲物は外さない… それが私の美学…
モグモグ
審判食うな!!
ダメじゃん
はい失格!!

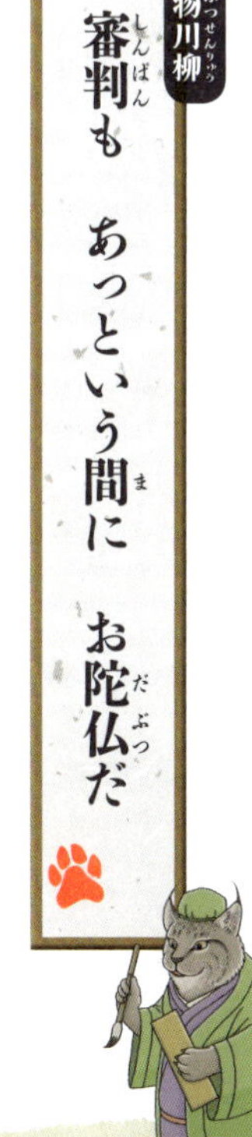
動物川柳
審判も あっという間に お陀仏だ

もっとこの競技を知ろう！ 射撃は、固定された標的を撃つ「ライフル射撃」と空中に放出された動く標的を撃つ「クレー射撃」などがある。アーチェリーは、射距離70ｍの場所にある直径122㎝の的を射る。

屋外競技 | 競技種目

自転車

Outdoor Competition | Cycling

オリンピック第1回大会アテネ1986年からの正式競技。さまざまな競技で順位を競う。

自転車に乗る技術と熱き闘争心で挑む！

注目選手
試合が終われば、またサーカスの練習かぁ

自転車はクマのお家芸

ヒグマ

選手プロフィール

自転車
器用さ
頑丈さ
根性
体力

出身地 ロシア

食生活 小動物、木の実

性格分析 性格にムラがあるタイプ

自転車のトラック競技は、独特のトレーニング方法と勝負勘があるため、他種目から転向したメダリストですら簡単には勝てないという。注目はロシア出身のヒグマ選手で、**ロシア伝統のサーカスでは自転車に乗る実績があり**、なんならバイクにも乗れる。ポジションどりの駆け引きや激しい競り合いまで、格闘技なみの闘志むき出しの競技で、**短気で負けず嫌いなクマ選手の性格にもピッタリ**だ。

予想

実績は十分だがメンタルに課題

自転車競技は、足の裏全体で動力エネルギーを効率よくペダルに伝達することが重要。動物は、つま先立ちのものが多く、**人間やクマのようにかかとをついて歩く（蹠行性）動物は意外に少ない。**

クマの手は、霊長類のように指をバラバラには動かせないが、発達した肉球と巨大な爪でものをつかめ、ハンドルさばきもうまい。ただし、ひとつ不安要素となるのは、**負けそうになるとビンタするクセがある**こと。そのため、メンタルトレーナーの指導を受けている。

主な出場選手

◎ヒグマ
○ジャイアントパンダ
▲チンパンジー
△ニホンザル

結果

大きな壁

さあラスト一周!!
シャーーーッ
ハッハハ俺様の壁は越えられまい！

おっとゴール手前でヒグマ選手の前に出た!!
スッ
！

お前ら俺を風除けにしたなあー!!
常套手段だよ～

金　ニホンザル
銀　ジャイアントパンダ
銅　ヒグマ

大きな壁として、ヒグマ選手利用されてしまいましたね

最後の最後で逆転劇が起こりました！

ちなみにヒトの記録は？ 自転車競技は、BMX、ロード、トラックなど見どころが異なる種目が多数ある。2004年 クリス・ホイ（イギリス）の1分00秒711（トラック1kmタイムトライアル）。

屋外競技 | 競技種目 **ボート**

Outdoor Competition | Rowing

水上2000 m や1000 m の直線コースで、ボートを漕ぎ順位を争う。人数、体重などで細かく種目が分かれる。

注目選手

親子のチームワークで息を合わせて、ボートをこぐ

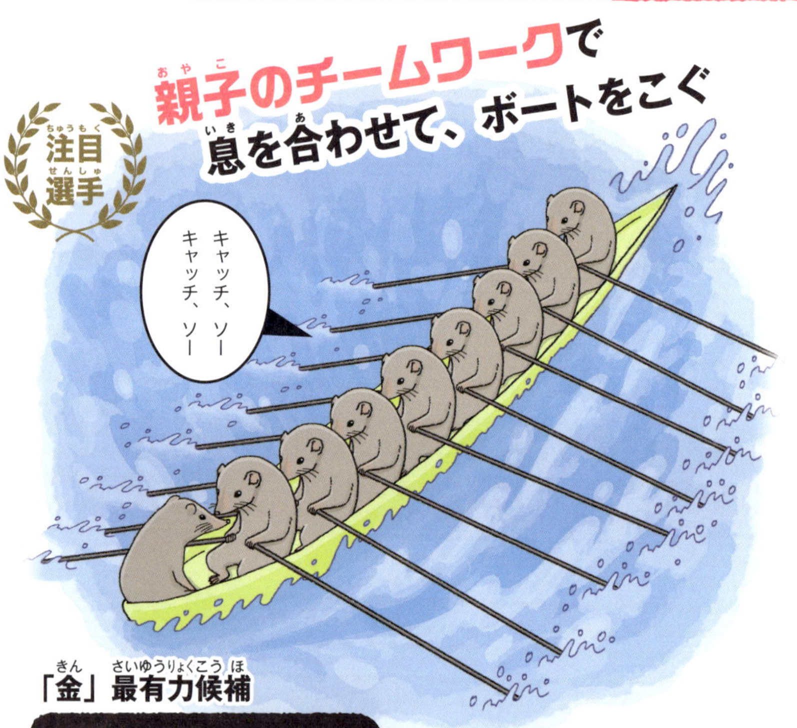
キャッチ、ソー
キャッチ、ソー

「金」最有力候補

ジャコウネズミ

選手プロフィール

パワー　根性
連携　体力
水泳

出身地　カンボジア

食生活　ミミズ、虫

性格分析　無理をせず、自分の目標に向かう

ボート競技は、体重で階級が分かれるが、軽量級で勝負に臨む注目選手が、ジャコウネズミ選手団だ。**ほ乳類では最小クラスの軽量。**名前にはネズミとついているが、生物学的にはネズミとはまったく異なるモグラの仲間。**水をはじく美しい毛皮を持ち、泳ぎも上手**なので、水に対する恐怖心はまったく無い。ネズミ類と異なり、純粋な肉食動物なので、勝負事にも闘争心を燃やして挑む。

予想

キャラバン行動をボート競技に応用！

ジャコウネズミは、単独性だが母子は〝キャラバン行動〟を行う。キャラバン行動とは、幼い子どもが母親の尻尾にかじってつかまり、順に1列の数珠つなぎになり、**まるで電車ごっこのように、「いち、に、いち、に」と足並み揃えて歩く**行動だ。

このようなジャコウネズミ選手団のチームワークと息の合った動きをボートに応用すれば、かなりの記録が期待できる。勝利に興奮すると、**ジャコウの甘い香り**が漂うかもしれない。

主な出場選手

◎ジャコウネズミ
○オポッサム
▲ウミイグアナ
△アメンボ

結果

母子のキャラバン行動

ジャコウネズミチームとオポッサムチーム接戦です!!
みんながんばれ!!
うおおおおお!!

あーっと!! ボート2台が衝突!!
ガシャーーン
しまった!! ボートが……
おちつけ!! キャラバン連結だ!!

いててて!!
重い…
きみたちママを間違えてるぞ!!
結局仲良く同着!!

金 ジャコウネズミ
金 オポッサム
銅 ウミイグアナ

ジャコウネズミは、ヘビのようにつらなってゴール！

オポッサムは、子どもたちが、親を船にしてゴールしました

ちなみにヒトの記録は？ 2017年 ドイツの1分19秒7（エイト、500ｍ×4本の平均タイム）。静寂の水面の上で一糸乱れぬ動きが美しく、1/100秒を争う競技。伝統的に欧米は競技人口が多く強い。

屋外競技 | 競技種目

カヌー

Outdoor Competition | Canoe

流れのない直線コースの勝負「スプリント」と、激流でタイムを争う「スラローム」2つの競技がある。

注目選手
激流での特訓の成果をスラロームで発揮する！
激流仕様のカラダづくりはカンペキ！

激流のエキスパート

ヤマガモ

選手プロフィール

パワー ■■■□□　根性 ■■■■■
連携 ■■■□□　体力 ■■■■□
水泳 ■■■■■

- **出身地** アルゼンチン
- **食生活** 水生昆虫にかたよりがち
- **性格分析** 趣味のアウトドアに生きる

激流でカヌーをこぐスラロームは、練習場所が無く選手は苦労している。そこで注目は南米のヤマガモ選手だ。彼らは、世界一美しく、世界一厳しい自然環境の**南米パタゴニア地方の1500m以上の高山の激流で暮らす**。この地を、天敵が近寄れない場所として選んだのだ。実際に人間のスラロームのトップアスリートが挑みに行くポイントにヤマガモ選手は暮らしており、練習には事欠かない。

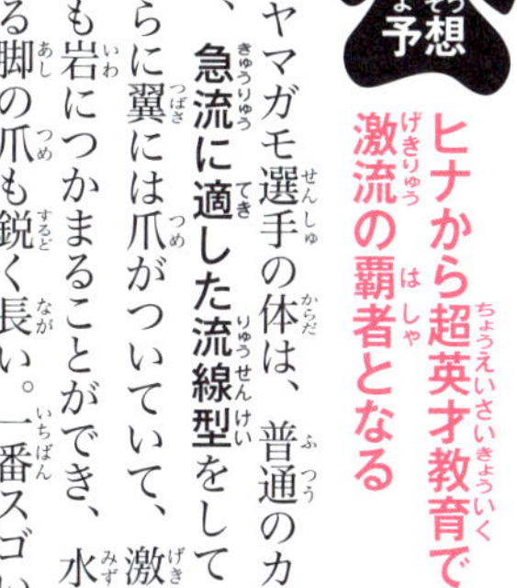

予想 ヒナから超英才教育で激流の覇者となる

ヤマガモ選手の体は、普通のカモと違い、**急流に適した流線型**をしている。さらに翼には爪がついていて、激流の中でも岩につかまることができ、水かきのある脚の爪も鋭く長い。一番スゴいのは、泳げないヒナの段階から、**生きのびれるのが不思議なくらい激しい流れの中で、両親が泳ぐ練習をさせる**超スパルタな教育だ。

最大のライバルは日本のカワネズミ選手だが、激流好きという以外、ほとんどそのプライベートは謎。

主な出場選手

◎ヤマガモ
○カワネズミ
▲カワガラス
△カワウソ

結果 七転び八起き

ザップ
あーっと!! ヤマガモ選手転覆ーッ!!
ザプン
…と、思ったら素早く持ち直した〜!!

ダパン
またもや転覆!!
持ち直し〜!!
ザブ
転覆!!
ザパ
戻った!!

ダパッ
転ぶ……これワザとですかね?
うるさいなー
こんなの日常茶飯事ですので…
育った環境のおかげで金メダル!!
ザブン

金 ヤマガモ
銀 カワネズミ
銅 カワガラス

ほとんどの選手が脱落するなか、見事にゴールしました

子どもの頃からの練習の賜物ですね！

ちなみにヒトの記録は？ 2011年 エドワード・マッキーバー（イギリス）の34秒627（スプリントカヤックシングル200m）。カヌーの種類は、カナディアンとカヤックの2種類がある。

屋外競技｜競技種目

セーリング

Outdoor Competition | Sailing

かつては『ヨット』と呼ばれていた競技で、海面におかれたブイをまわり順位を争う競技。

風の読みはピカイチ
うまく利用できるかがカギ
注目選手
小さな頃から、風と共に生きてきたんだ
風を感じる天賦の才

クモ

選手プロフィール

勘所	■■■■■	根性	■■■■■
飛行	■■■■■	体力	■■■■■
泳ぎ	■■■■■		

出身地　オーストラリア

食生活　虫ばっかり

性格分析　自立心が強いタイプ

セーリングは、自然環境に大きく試合展開が左右されるため、「風」という目に見えないものを、どれだけ読めるかがポイントになる。注目はクモ選手。**クモ類の子グモの行動に、吐き出した糸を使って空を飛ぶ“バルーニング”がある。**体重の軽いクモがかっこつけて空を飛ぶには、細い糸で十分なのだ。移動能力の低いクモは、**風に乗って長距離移動**をし、飛行機や外洋の船で採集されるほど、その移動能力の高さは実証されている。

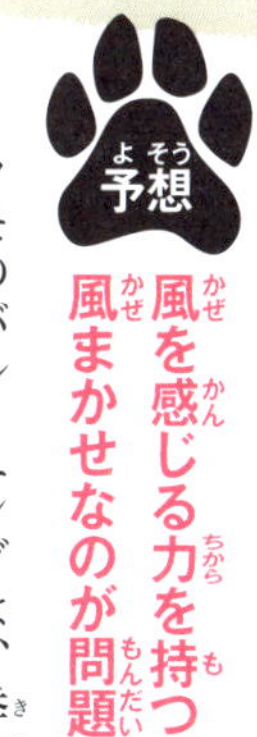
予想

風を感じる力を持つが風まかせなのが問題

クモのバルーニングは、季節や時間帯、お尻から吐き出す糸の長さなどを「緻密な計算」というよりは「天性の本能」で行っている。同じく生まれた兄弟たちが一斉にやるので、**風を読む勘所はすでに持ち合わせているよう**で、秀才ぞろいのアスリート集団だ。

ただし、セーリングで重要な「風を味方につける」というよりは、**「風まかせ」なところがある。**クモ選手が風を利用してゴールを目指せるかどうかが課題となる。

主な出場選手

◎クモ
○カツオノエボシ
▲ウンカ
△ウミガメ

結果

大いなる旅立ち

さあトップを行くクモ選手！絶妙な帆さばきを見せております!!

うおおおおおお!!

風が…!!
ビュウウウウウ……
風が俺を呼んでるぜぇ!!

バルーニング
クモの幼体は糸を使い風に乗って空を飛ぶ
今こそ旅立ちの時…
クモ選手棄権でーす
フワ〜〜…

金 カツオノエボシ
銀 ウンカ
銅 ウミガメ

クモ選手、風に乗って飛んでいってしまいました

風の利用の仕方が、間違っていますね！

もっとこの競技を知ろう！ 東京オリンピックでは男女共通の2種目(計4種目)と男子のみの3種目、女子のみの2種目、男女混合1種目の合計10種目がある。波と風という海の自然環境をどれだけ味方につけられるかが勝敗を決める。

屋外競技 | 競技種目 

馬術

Outdoor Competition | Equestrian

動物を扱うオリンピック競技で、ウマも表彰される。ウマとの信頼関係が勝敗のカギとなる。

別の動物同士で心をかよわせ競技にいどむ！

注目選手

僕たち、ニコイチ（ふたりでひとり）です！

乗馬の真髄を心得る

アカゲザル

選手プロフィール

馬術	■■■■■	根性	■■■□□
連携	■■■■■	体力	■■■□□
知力	■■■■■		

出身地　中国

食生活　ベジタリアン

性格分析　プライドが高くて失敗する

ウマというのはとてもユニークな動物で、気持ちを許せば、**自分とは別の動物を背中に乗せ、しかも、それを楽しむ**。世界の動物園では、草食動物で相性が良ければ、同じスペースで同居展示することがある。そんな中、騎手としての注目は、アカゲザル選手。飼育下のサル山に同居させた**バーバリーシープ（野生のヤギ）などをうまく乗りこなす**ことが知られおり、巧みな馬術が期待できる。

予想

馬術だけでなくウマの心もつかむ

ニホンザルの親戚であるアカゲザルは、知的好奇心が高く、調教すればウマの乗り方は30分もあればマスターするだろう。

ここでポイントとなるのは自主性だ。アカゲザルは、**動物の背中に乗ることの楽しさを本質的に理解している**のだ。それだけではなく、気の合った〝愛馬〟のバーバリーシープを優しくグルーミング（毛づくろい）する。これは繊細なウマの気持ちをつかむために重要で、猿馬一体の華麗な演技につながる。

主な出場選手

◎アカゲザル
○マントヒヒ
▲ワオキツネザル
△オランウータン

結果

ふと、思い出す
アカゲザル選手完璧なコントロールで華麗なジャンプを見せます。すばらしい！
ピョーン
はい、ジャーンプ
テケテン
テン
キャーかわいい～
ゆさっ

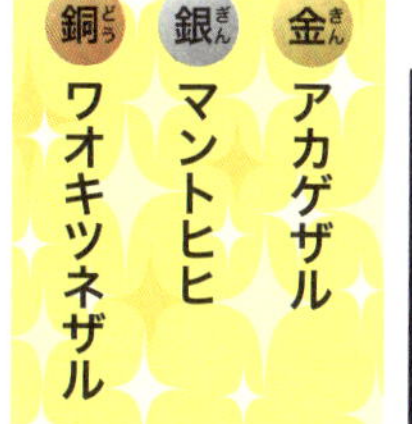

金 アカゲザル
銀 マントヒヒ
銅 ワオキツネザル

アカゲザル選手、見事な演技でした

ウマの心をつかみ、猿馬一体となっていましたね

…ねえなんで泣いてんの？
…ちょっと昔を思い出してな
ズッ

もっとこの競技を知ろう！ 演技の正確さや美しさを競う「馬場馬術」、決められた順番通りに障害を越えていく「障害馬術」、この2競技とクロスカントリー競技を同一人馬で取り組む「総合馬術」の3競技がある。

屋外競技 | 競技種目

近代5種競技

Outdoor Competition | Modern Pentathlon

フェンシング、水泳、馬術、レーザーラン（射撃、ラン）の5種目を1日でこなす究極の複合競技。

動物界最高峰の運動能力と知力で挑む！
最低でも金でしょ
注目選手
金か、それとも棄権か？

オオカミ

選手プロフィール

剣術	■■■■□	射撃	■■■■□
水泳	■■■■□	体力	■■■■■
馬術	■■■□□		

出身地　スペイン

食生活　お肉ばっかり

性格分析　目標設定が高すぎるタイプ

瞬発力のフェンシング、パワーと持久力の水泳200ｍ自由形、動物の扱いと技術の障害馬術、射撃と800ｍ走を4セット行う。そもそも基本を習得するのに時間がかかる種目が含まれ、**体力はもちろん、頭の切り替えや高い精神力が必要**とされる“キング・オブ・スポーツ”と呼ばれる種目。この難易度の高い競技の注目選手は、オオカミ選手だ。**戦術家で、スピード抜群、スタミナあり、泳ぎも得意**な孤高の殺し屋だ。

予想

何でもそつなくこなすがあきらめやすい性格

オオカミは日頃から、自分のなわばりの下見を欠かさず、地形の特性や前日との微妙な違いを見逃さず、**イザというときに備えあらゆる戦術を想定**している。フェンシング、泳ぎはお手のもの、馬は睨みつければブルって素直になんでも言うことに従わせられる。長距離を走った直後に息を殺して、獲物に集中（射撃）するのは日常茶飯だ。

そんな、パーフェクトなオオカミ選手の唯一の弱点は、**賢いがゆえにあきらめも早く、すぐ途中棄権してしまう**ことだ。

主な出場選手

◎オオカミ
○コヨーテ
▲ジャッカル
△ブチハイエナ

結果

究極の完璧主義！

さあこれまでトップのオオカミ選手ですがどうしたことか
射撃の調子が悪い!!
なかなか的に当たりません!!

大きく順位を落とします！これは痛い!!
あ～あ

なんかもうやる気なくした
そしてあきらめるの早っ!!

金　コヨーテ
銀　ジャッカル
銅　ブチハイエナ

オオカミ選手、順位を落とした瞬間に棄権してしまいました

完璧主義も、ここまでくると、めんどくさいですね

もっとこの競技を知ろう！　「フェンシング」「水泳」「馬術」の合計点の得点差（1秒4点）でスタートする。レーザーピストルを使用し、5的を50秒以内に撃ち終える「射撃」と800ｍの「ランニング」を交互に4回行い、ゴールした順番が最終順位となる。

屋外競技 | 競技種目

サーフィン

Outdoor Competition | Surfing

波を乗りこなすライディングテクニックが審判員に判定・採点され、その点数で勝敗が決まる。

波を知り尽くし 波に愛される 生粋のサーファー！

注目選手

やっぱ波乗りはサイコー

波乗りを心から楽しむ

イルカ

選手プロフィール

波乗り	■■■■□
情報力	■■■■■
水泳	■■■■■
体力	■■■□□
知力	■■■■■

出身地 インドネシア

食生活 魚、イカ、カニ

性格分析 陽気でワイワイするのが好き

サーフィンは、ルールでひとつの波に乗れるのはひとりだけと決まっている。波のピークに最も近い人に優先権が認められるため、**最良の波を読む力が重要**で、この優先権をめぐった駆け引きが勝敗を左右する。波に乗らないフリをしたり、パドリングを開始するフリをしたりと**心理戦が繰り広げられている。**注目はイルカ選手。波乗りは大の得意で、駆け引きもうまく、ビッグ・ウェーブの独占が期待できる。

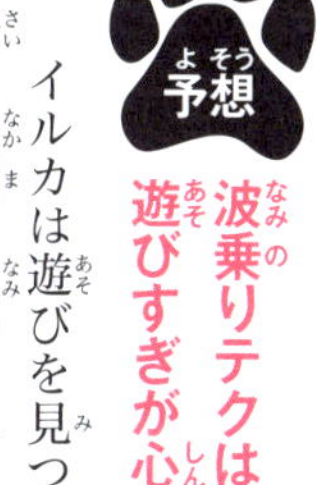
予想

波乗りテクは一流だが遊びすぎが心配

イルカは遊びを見つける天才で、実際に仲間と波のチューブに入ってサーフィンをすることがあり、**波乗りのスリルと気持ちよさを人間と同じように理解**している。また、ほ乳類のイルカは垢がたまりやすく、サーフィンボードのワックスはがしのように、表面を岩でこすって垢すりをする。

不安材料は、イルカが悪乗りして、フグを甘噛みして**毒を少しなめてもうろうとする、薬物によるトリップを楽しむこと**。演技に悪影響を与えかねないので心配だ。

主な出場選手

◎イルカ
○ホオジロザメ
▲ウミホタル
△オオカミ

結果

波を制するものは？

さあ出場選手が波の読みに苦戦してる様子ですが…
そんな中、イルカ選手の圧倒的なパフォーマンス!! 文句なしの金メダル〜!!
ボクらは離れてても会話できるからね 波の様子を聞いたのさ
チームの勝利さ!!
え〜、それちょっとズルくな〜い？

金 イルカ
銀 ホオジロザメ
銅 オオカミ

波の状況を、しっかり把握していたようですね
イルカ選手、情報力の勝利です！

もっとこの競技を知ろう！ 2020年の東京オリンピックで新設される競技。ショートボードで、波を乗りこなすテクニックで採点される。10本前後のライディングを行い、点数の高い2本の合計点によって順位が決まる。

屋外競技 | 競技種目

スケートボード

Outdoor Competition | Skateboard

トリック（ジャンプ、空中動作、回転技など）の難易度の高さ、スピードを評価する採点競技。

注目選手

最高のトリックをキメるぜ！

おしゃれにキメてクールな演技で魅せる！

目指すはキング一直線！

ラーテル

選手プロフィール

技	■■■■■	根性	■■■■■
素早さ	■■■□□	体力	■■■■□
クールさ	■■■■■		

出身地 ケニア

食生活 小動物、ハチミツ

性格分析 ストリート系

高い身体能力を駆使しているにもかかわらず、それをクールに余裕を持ってみせるのがスケボーの流儀。注目はアフリカ出身のラーテル選手。**白黒のヒップホップ系のジャージをまとう黒人ラッパーのようなおしゃれないでたちだ。**何よりハートがアツい！　百獣の王ライオンに正面からケンカを売るアニキっぷりで、**「世界一怖いもの知らずの動物」**としてギネスブックにのったとか、のらないとか……。

予想

バツグンの運動能力とメンタルの強さ

ラーテル選手はイタチの仲間なので、体は柔軟、運動神経はバツグンで姿勢制御に優れ、**独創的な神技トリック連発間違いなし**。猛毒コブラに咬まれても昏睡状態の重傷から半日で回復する特技があるだけでなく、まったくめげることなく、再びコブラを食べるために探しに行く**ガチなメンタルの強さ！**

しかし一番の好物はといえば、ハチミツ。こう見えて甘党で、とりわけとれたてのハチミツに目がないスイーツ男子でもある。

主な出場選手

◎ラーテル
○ブチハイエナ
▲ミーアキャット
△ハゲワシ

結果

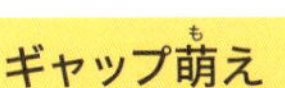
ギャップ萌え

ラーテル選手 高難易度技を次々と繰り出す～!!
ワァァァァ
オォォォー
ふう…次の出番までメシでも食っておくか
ザッ
ザッ
がんばってください!!
なんてクールなんだ…
カッコイイ…
ペロ
ペロ
ハチミツ大好き
ハチミツ

金 ラーテル
銀 ブチハイエナ
銅 ミーアキャット

あんな悪そうな外見なのに、大好物はハチミツだそうです

なんだか、おちゃめな一面を見た気がします。ギャップ萌えしそうです

もっとこの競技を知ろう！ 2020年の東京オリンピックで新設される競技。実際の街の中をイメージしたコースで競う「ストリート」と、複雑な形のコースで技を競う「パーク」の2種類の競技がある。競技だけでなくストリート・ファッションなど観客と一体の雰囲気も楽しむ！

動物はスポーツを楽しむのか？

動物たちは人間にとってのスポーツのように、競技として楽しむことがあるのでしょうか？　動物たちの心の内を探ります。

仲間たちと競争を楽しむウマの習性から競馬が開始

動物たちはスポーツのような、ある一定のルールの中で競い合うことを楽しむことはあるのでしょうか？

野生の馬は、群れで走っているときに楽しい気分になると時々競争をして遊びます。本気を出して競い合うことは、勝っても負けても楽しいので、この遊びはお互いの絆を深める効果があります。

実は、そのような馬の習性を利用して始まったのが競馬なのです。馬はオオカミのように優劣によって群れの走る位置が決まっていません。そのため、誰が先頭になってもいいので、能力が似通った馬たちが一緒に走ると、ゴールまでの勝敗予想が難しくなるのです。

仲間と一緒に取り組むゲームや遊びが大好き

イルカはスポーツのような遊びをたくさんする動物です。海で天敵に追われているわけでもないのに、急にスピードをあげてレースをしたり、鬼ごっこなどの遊びをしたりします。

実は、水族館のイルカショーは、そういったイルカの習性を利用したもの。合図としてエサを与えていますが、彼らはエサ欲しさにやっているのではなく、お腹いっぱいのときでも喜んで演技をやろうとします。まさに、イルカはスポーツを楽しむ動物なのです。

イルカ

数千㎞を羽ばたく渡り鳥たちの挑戦

渡り鳥の多くは、数百、数千㎞の命がけの旅をします。ただ毎年同じ時期に同じコースを行き来するので、旅というよりはものすごい長距離のウルトラ・マラソンをしている感覚でしょう。そのような挑戦に向けての準備や、仲間と連携する力もとても優れています。

渡り鳥たちは、出発前は高カロリーの種子などを食べて脂肪を蓄えて体をつくります。風向きなどのコース条件をよみ、全員で一斉にスタート。群れのひとりも置き去りにすることはありません。上空では、お互い声をかけ合い励まし合いながら飛び、全員でゴールすることを目標にしています。

世界一高い山、エベレストを越える、渡り鳥です

アネハヅル

ヒトとの共演を楽しむパートナーのような動物

現在、愛玩犬になっている多くの犬種が狩猟犬であり、様々な得意分野が犬種ごとにあります。オオカミが先祖なので、チームで動き、責任ある仕事を任されることに生きがいを感じる動物なのです。だから狩りをすることではなく、主人や仲間と野山を駆け巡る〝スポーツ〟が大好きなのです。

ハンターが打ち損じると、『ワンっ！（へたくそ）』とひと吠えします。だから犬はボールやフリスビーが好きなのではなく、「誰かとやる」ことが大好き。犬は、獲物というひとつの目標に向かって、人間と一緒に挑むことができるダブルスのパートナーのような存在です。

人間との共演は、僕も大好きだよ。ただし、子どもの内だけだけどね

チンパンジー

猿回しをするサルの本当の気持ちとは？

アクロバティックな体操の技を次々繰り広げる猿回しの芸。それを演じるサルたちは、それらの芸を、嫌々やっているのでしょうか？
実際にはコーチと選手のような関係で、ときには厳しい練習で音をあげたり、怒られたりすることもあります。しかし一緒に何かを成し遂げる意味を理解したときに、サルはとても真剣になり、なっとくがいかない演技だと、自らやり直したりすることもあるのです。
そして、厳しい練習の後、ほっと一息ついたときに、サルの方から人間に寄りそって膝枕でうたた寝する姿は、絆の深さの表れと言えるでしょう。サルもまた、人間とともに、ひとつの目標に向かって歩むのが好きな動物と言えそうです。

大変だったけど、充実した日々だったなぁ
ニホンザル

私の横に飛ぶ動きは、別に芸ではないんだけど

ベローシファカ

レッサーパンダさんは、芸をされたことはあるんですか？
私は、動物の習性として二本足でよく立つんですが、なぜかそれをチヤホヤされたことはありましたね。あれは芸ではないので、勘違いしないでほしいですね

6
第6章
冬季競技
Winter Games
雪上や氷上、特殊な環境下で、寒さに強い動物たちが本領発揮する競技が目白押し。氷をも溶かすアツい闘いに注目だ！

冬季競技 | 競技種目

フィギュアスケート

Winter Games | Figure Skating

氷上スケートリンクで、音楽に合わせて滑走して技術や表現で競う競技。

冬季は自意識過剰になってかっこつけて滑走する！

みんな、もっとボクを見て！
注目選手

フィギュアスケートの申し子

ニホンザル

選手プロフィール

表現	■■■■■	根性	■■□□□
技術	■■■■■	体力	■■■■□
ジャンプ	■■■□□		

出身地 日本（長野県）

食生活 ベジタリアン

性格分析 ストレスを抱え込みやすい

霊長類のほとんどは温暖な地域で暮らしている中、ニホンザル選手は、**ヒト以外の霊長類では最も北に生息している。**日本と違い、野生の霊長類が生息していない地域の欧米人には、「スノー・モンキー」と呼ばれてとても人気が高い。実際に、**雪上や氷の上の表現力や身体能力はバツグンだ。**寒い場所での競技に強く、和の心を持ったニホンザル選手によるフィギュアスケートでの活躍に、世界が注目している。

スクープ！日本の合宿所

日本には秘密の合宿所がある。それは長野県の地獄谷温泉。冬期は雪深く氷がはった池などの施設も充実している。酷使した膝や腰を湯治によって癒す効果も大きく、競走馬も温泉治療をしているほど。ニホンザルの毛は水を弾くだけでなく、2層になっていて、中まで濡れにくいので、温泉からあがっても湯冷めすることはない。

ニホンザル社会の裏事情

母より

幼い頃は冬場になると凍った場所でよくクルクル回るのが好きな子でした……

選手Ｓより

ニホンザルの社会は４歳以降はオトナ。先輩の前で不用意に速い動きをすると厳しく怒られる。だからオトナはフィギュアスケートができないんだ

練習風景

ウキィー

2～3歳くらいの幼いニホンザルは、氷の上などで回転して遊ぶのが大好き。楽しくなると大技のトリプルトウループをよく跳ぶ。

子どものうちから、英才教育が行われていますね

次世代の選手たちも楽しみですね

予想

秋冬は恋の季節 自意識過剰に演技する

まず、霊長類は視覚の動物なので色やかたちに独特の美的感覚がある。ニホンザル選手の顔やお尻が赤いのも彼らなりの**「和」の美的感覚によるもの**といえるだろう。

オスは秋から冬にかけての繁殖期に男性ホルモンが増加。それによって、血管が拡張し、血流が多くなってふだんより赤味が増し、美しくなる。同時にボサボサだった毛が細かいソバージュのようになり、ボリューミーなモフモフとした状態になる。ついでに自意識過剰になり、女子の**目線を意識して、かっこつけて歩くようになる。**

このようなニホンザル選手の変化は、冬季に開催するフィギュアスケート大会での演技にも存分に活かされることだろう。

主な出場選手
◎ニホンザル
○ハクチョウ
▲アネハヅル
△ジャイアントパンダ
私の優雅な舞いを見なさい！
ハクチョウ
氷の上なら、滑っても大丈夫だよね
ニホンザル
記録よりも記憶に残る演技をする！
ジャイアントパンダ
ヒマラヤ山脈を跳びこえるようなジャンプを見せるよ！
アネハヅル

金 ニホンザル
銀 ハクチョウ
銅 アネハヅル

結果

生粋のスターー！

ニホンザル選手得点がなんと330・43!!
ショート・フリー共に高得点で現在トップ〜!!
ワァーァァ
キャー

すごいよ!!
コーチ!!やりました
タタタタタ

これもみんなコーチの…
?

すごくかわいいよパンダちゃん
きゃ〜
キャー かわいい〜
ギリギリ
…またアイツか…!!
いつもいつも…

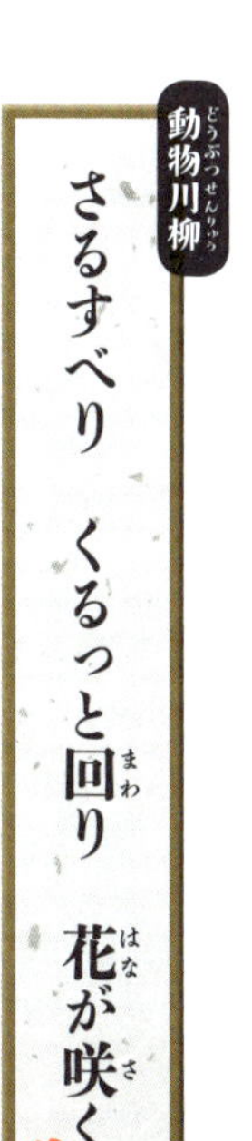
動物川柳
さるすべり　くるっと回り　花が咲く

もっとこの競技を知ろう！ シングル、ペア、アイスダンス、団体戦などの競技がある。ステップ、スピン、ジャンプなど技術点と曲の構成点および減点対象の合計点で審判員が採点する。

冬季競技 | 競技種目

Winter Games | Speed Skating

スピードスケート

1周400mのスケートリンクを周回し、ゴールタイムを競う競技。500m～10000mまで数種目ある。

氷上でテンションMAX 最大のパフォーマンスを発揮！

うぉー、この寒さたまらねぇー

注目選手

氷の上なら絶好調！

ホッキョクグマ

選手プロフィール

パワー	■■■■■	集中力	■■■□□
速さ	■■■□□	体力	■■■□□
水泳	■■■□□		

出身地　カナダ

食生活　お肉ばっかり

性格分析　運が無いタイプ

スピードスケートは、スタートが勝敗を左右するため、集中力と瞬発力が求められる。注目はホッキョクグマ選手で、**主食はアザラシやセイウチだが、水中の泳ぎでは追いつけないので氷上で狩りをする。**そのため、氷がない夏はほとんど食事にありつけず体重は半分近くまで激減。**地球上で最も冬を心待ちにする動物で、氷上で最大にテンションが上がり、**驚きの実力を発揮する。

予想

寒いほど調子が上昇 スタートに課題あり

ホッキョクグマは、地上最大の肉食動物で、クマ類で唯一の完全肉食。パワー、気性の荒さも最強で、寒いほど元気になり、**気温マイナス40℃が「ちょっと涼しい」**くらいで、季節の変わり目で気温が急に上がると0℃付近で熱中症になることも。

ホッキョクグマ選手は、足のウラにも毛が生え、氷上でも滑らずに高速で走れる特別仕様。また、**氷上でアザラシの呼吸穴の前で半日待ち伏せするの**はスタートの集中力の練習になるが、フライングで捕り逃がすことも多い。

主な出場選手

◎ホッキョクグマ
○アザラシ
▲ホッキョクギツネ
△トナカイ

結果

力みすぎラストスパート！

さあシロクマ選手アザラシ選手を追い抜くか〜!?
シャーーーッ
俺の滑りから逃げ切ったヤツはいねえぜ!!
オラオラオラオラ
!?
ヤ、ヤツが消えた…!?

ゴール
重さで氷が割れた
アザラシ選手みごと逃げ切り〜!!
……

金 アザラシ
銀 ホッキョクギツネ
銅 トナカイ

ホッキョクグマ選手、ちょっと太りすぎましたかねぇ

アザラシ選手の執念の勝利ですね

ちなみにヒトの記録は？ 2015年 パヴェル・クリズニコフ（ロシア）の33秒98（500m）。スケートシューズのブレードは靴より長い。

冬季競技 | 競技種目

ショートトラックスピードスケート

Winter Games | Short Track Speed Skating

1周111.12mのトラックを4～6名で同時に競争する競技。

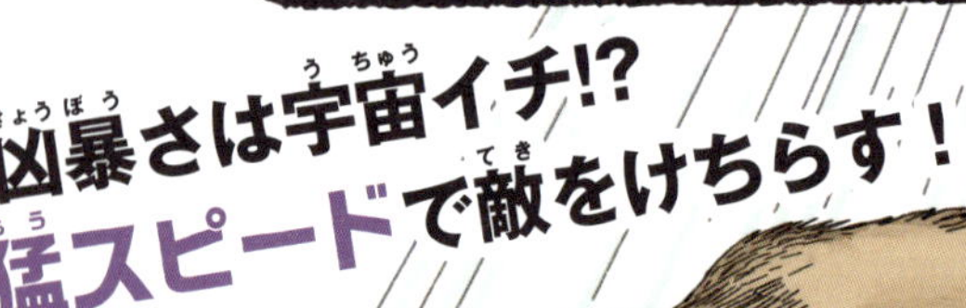

凶暴さは宇宙イチ!?
猛スピードで敵をけちらす！

お前のものは俺のもの、俺のものも俺のもの！

注目選手

勝利のために手段は選ばず！

クズリ

選手プロフィール

- 速さ ■■■■■
- 根性 ■■□□□
- 加速 ■■■■■
- 体力 ■□□□□
- 頑丈さ ■□□□□

- 出身地 ロシア
- 食生活 お肉ばっかり
- 性格分析 絶対あやまらないタイプ

競技の特性上、コーナリングが勝敗のカギを握り、一般的に慣性の法則から体格の大きい選手は不利になる。そこで注目はカナダ出身のクズリ選手だ。イタチの仲間で、英名はウルヴァリン。**小柄ながらも、オオカミ、クマなどとも互角かそれ以上で戦う。**自分よりも大きな動物たちでも、**まったく恐れることを知らず果敢に挑んでいき**、実際にエサを横取りするほどのメンタルの強さを誇っている。

プチ情報

クズリのコメント

いつも応援ありがとう。俺は食事の時間を大切にしている。だから花とか、手紙はいいから、食べ物ちょうだい。好物は、鳥、卵、ウサギ、リス、ネズミ類ならなんでも、ビーバー、ヤギ、ヒツジ、トナカイ、ノロジカ、ヘラジカ、ヘビ、トカゲ、魚、昆虫、果物、木の実、死骸。太い骨やカチカチの冷凍物も解凍せず、そのままでOK。そこんとこ夜露死苦。

関係者のコメント

本人談より

1m以上積もった雪の上で、沈まずに時速40kmで走れる。1日45km程の移動は余裕。木登り、水泳も得意だよ。俺のなわばり？　だいたい1000km²四方くらいかな。よくオオカミやクマの獲物を横取りしてるよ

練習風景

わははははは

クズリ選手の雪上練習（食べ物さがし）の様子。はなれた所からクマ選手やキツネ選手、隠れて見守る。

クズリ選手、雪上練習にも精が出ますね

誰彼かまわず、からんでいきますから、めんどくさがってみんな避けてますね

予想

競技中に、他の選手を襲わないかが心配

ショートコーナーはコーナリングのスピードが高速で、手をついて回るため、この競技では指先が硬い特殊なシューズを装着。**クズリも、長く強靭な爪を持ち、武器として使いこなしており、**この爪がレースでも活かされそうだ。

また、クズリ選手は、体も柔軟で体幹が強く、重心が低くて転びにくい。足が雪仕様になっているので15㎞くらいなら休まず走り続けることができるとんでもないスタミナを持つ。

さらに、クズリ選手は、戦術家の一面もあり、自分より大きい獲物を襲う場合などは、コースを分析して、**木の上から飛び降りて急所を狙って襲いかかる。**競技における不安材料は、コーナーで抜かずに、相手選手の背後からつい飛びかかって襲ってしまうことだ。

主な出場選手

◎クズリ
○レミング
▲ジャコウウシ
△ホッキョクギツネ

体が重すぎて、コーナーに課題ありです

ジャコウウシ

クズリ

俺の前を滑ることは、何ぴとたりともゆるさん！

レミング

天敵のホッキョクギツネ選手から逃げ切ることが第一です

小回りを利かせて走ることができるよ！

ホッキョクギツネ

金 クズリ
銀 レミング
銅 ホッキョクギツネ

結果

新たなツメの使い道

オラオラ ジャマだ!! どきな!!
シャーーーーッ

さあ ラスト一周!!
ポイ ポーイ

バッバリバリバリバリバリバリ

ゴーール!! 優勝はクズリ選手!!
シシシシシ…
ちょっ… コレ反則じゃねーの?
つめたい…
わしらカキ氷か?

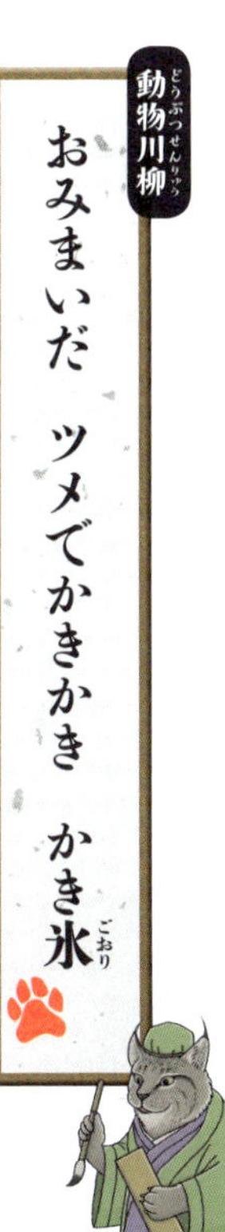
動物川柳
おみまいだ ツメでかきかき かき氷

ちなみにヒトの記録は? 2010年 シャルル・アメラン(カナダ)の40秒770(500m)。コーナーが多いので転倒を含めて順位がめまぐるしく変わり、ゴールするまで何が起こるかわからないスリリングな競技。

冬季競技 | 競技種目

アイスホッケー

Winter Games | Ice Hockey

スティックでパックを誘導し、ゴールに入れた点で競う球技。

注目選手

どうせ勝つなら、面白く勝ちたいなぁ！

知性・向上心・団結力を備えたウルトラ・アスリート集団

「金」は取って当たり前？

シャチ

選手プロフィール

パワー	■■■■■	根性	■■■■■
移動	■■■■■	体力	■■■■■
知力	■■■■■		

出身地 カナダ

食生活 魚、アザラシ

性格分析 マイルド・ヤンキー

アイスホッケーは、攻守の切り替えが激しく、あらゆるケースを想定したチーム全体の組織力が勝敗のカギを握る。ここで活躍が期待されるのが、シャチ選手団だ。**動物界トップクラスの知能の高さを誇り、敵の裏をかいたり、奇襲を楽しむ遊び心を持つ。**一方で向上心も高く、練習熱心でマジメな一面もある。**群れの絆も強く、あうんの呼吸で課題を解決する**ウルトラ・アスリート集団だ。

予想

完璧と思いきや実は打たれ弱い性格

アイスホッケーは選手交代を何度でも自由に行えるので、交代のタイミングが試合のゆくえを左右する。シャチ選手団は、狩りのときに群れのメンバーの年齢や経験、体力を考えて行動し、**それぞれの不得意をチーム全体で補い強みに変える。**〝スパイホップ〟と呼ばれる水面から顔を出す偵察行動など、**情報収集能力の高さは動物界随一。**ただし、わざわざ難しい戦略をやって自らの策に溺れたり、悲しいことがあると深く落ち込んでしまうメンタル面の弱さが不安材料だ。

主な出場選手

◎シャチ
○ザトウクジラ
▲カレドニアガラス
△ナナフシ

結果

恋の傷心中

金 シャチ
銀 ザトウクジラ
銅 カレドニアガラス

シャチ選手のシュートがまた決まった〜!!
ザトウクジラ選手は手も足も出ず〜
昨日彼女にフラれたとは思えないくらい、絶好調ですね!!
アハハハ…

シャチ選手団、形勢が悪くなりましたが、選手交代で持ち直しました

…おや? シャチ選手の動きが止まりましたが…
どうせ俺なんて…
ズーーン
相変わらずメンタル弱えな!!

堅実な作戦に切り替えて、シャチ選手団、がぜん動きが良くなりました

もっとこの競技を知ろう！ 攻守の展開が一瞬で入れ替わる、スリリングで目が離せない競技。

冬季競技 | 競技種目

カーリング

Winter Games | Curling

1チーム4名で、長さ45ｍのリンクでストーンを滑らせて、的の中心からのストーンの近さを競う。

氷上を自由自在に動きストーンを巧みに操る！

もうすこし右かな
そだねー

目指すは初のメダル！

注目選手

オットセイ

選手プロフィール

移動
根性
器用さ
体力
連携

出身地　ニュージーランド

食生活　魚、イカ、カニ

性格分析　情報通なタイプ

カーリングは、氷の状態を細かく読み取り、自らもストーンのそばで並走して移動する競技。そこでスポットを当てたいのは、オットセイ選手。**水中での運動能力の高さはもちろんだが、それを地上でもフル活用できる。**陸上動物のようには走り回れないが、お腹をつけたままの姿勢でヒレを使い上手に移動できる。**特に氷上では、50ｍくらいお腹を滑らせて高速移動ができ、急停止も自由自在だ。**

予想

チームワークはバツグン 練習への情熱も高い

オットセイは、知能が高く、遊び好き、なんでも楽しむ性格。産まれたばかりの赤ちゃんは泳げないが、親を始め群れのみんなで泳げるように指導するなど、**群れのチームワークも良い**。声も大きくおしゃべりなので、コミュニケーション能力も高い。

普段の水族館のショーにおいては、練習熱心で向上心も高い。ショーに向けての長い練習では、**キビナゴなどを食べる"もぐもぐタイム"**をチームのメンバーは楽しみにしている。

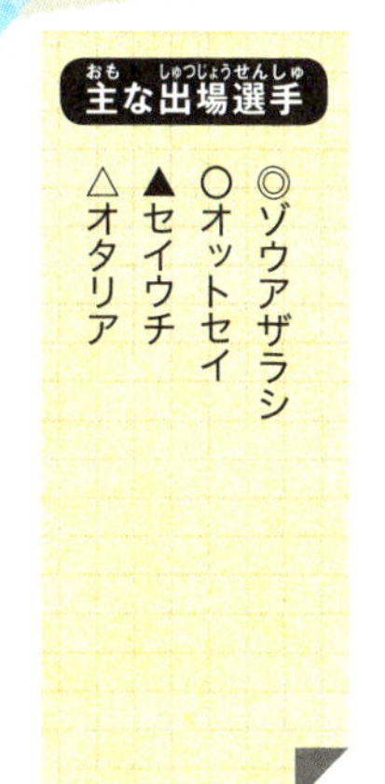
主な出場選手
◎ゾウアザラシ
○オットセイ
▲セイウチ
△オタリア

結果

秘技！変わり身の術
金 ゾウアザラシ
銀 セイウチ
銅 オットセイ
シャーッ
さあ オットセイチーム 第8投
いいコースですよ
ヤーッ!!
ヤーッ!!
いった〜!! オットセイチーム逆転〜!!
ワー
ワー
ゴッ
ヒョコッ
…ハイ反則!!
コラーーッ!!
オットセイ選手団、自らがストーンになってしまい、失格で準決勝敗退
3位決定戦で勝ち、銅メダルを獲得です！

もっとこの競技を知ろう！ 相手のストーンを弾き飛ばしたり、布石として置くので『氷上のチェス』と呼ばれている。

冬季競技 | 競技種目

スキー・クロスカントリー

Winter Games | Cross Country Skiing

最大50㎞の長距離をスキーで走る競技。雪上での生活移動手段から生まれた、全スキー競技の原点。

注目選手

緻密な戦術と家族愛で勝利をもぎとる！

家族のためにも、死ぬ気でがんばります！

メダル獲得の戦略は万全！

キタキツネ

選手プロフィール

移動	■■■■□	根性	■■■■□
器用さ	■■■■□	体力	■■■■□
戦術	■■■■■		

出身地　日本

食生活　ネズミ、小鳥

性格分析　がんばり過ぎちゃうタイプ

コース取り、滑走での勝負所の戦術に加えて、スタミナと精神力が勝敗のカギを握る。この種目の注目はキタキツネ選手。イヌ科の中では小柄で、**オオカミのような群れを作らず、狩りはネコのように自分ひとりでやる。**日頃から自然環境のチェックはマメで、細かい地形や木々の形まで独自のマップが頭の中に入っている。**天気や状況の変化にも敏感で、戦術Bプランも常に用意**している周到ぶりだ。

予想

雪道をじっくり見極めて最善の策を練る

キタキツネ選手は、戦術家でムダなエネルギーの消耗を嫌う。やみくもに獲物を追わずに、**雪上の足跡をじっくり追跡するなどしながら戦術を考える。**雪質を調べるのも得意で、雪上から数十センチ下で、トンネルを掘って移動するネズミなどの微かな動きを聞き分ける聴力を持つ。

キタキツネ選手は、夫婦愛が強く、子煩悩なので、家族がいるオスはいつも以上にがんばるが、**限界を超えて心臓麻痺で死んでしまう**こともある。

主な出場選手

◎キタキツネ
○テン
▲バイソン
△コウテイペンギン

結果

雪上のダイビング

さあ両選手まもなくゴールですが…
わー
わー
がんばれー
う〜ん キタキツネ選手すこし疲れてますね
ハッ
うおおおお!!!
バッ!!
キタキツネ選手、突然の大ジャンプゴール!!
ざわ
ざわ
ちぇっ 逃げられた…
…どうやら獲物を発見しただけみたいですね

金 キタキツネ
銀 テン
銅 バイソン

キタキツネ選手、ものすごい大ジャンプです！

どうやら雪の下に、ネズミがいたようですね！

もっとこの競技を知ろう！ 山間部のコースで上り坂、下り坂などがくり返され、地形に合わせて様々な滑走方法、登行を使い分けて、競技者のデッドヒートとなる。

冬季競技 | 競技種目

スキー・ジャンプ

Winter Games | Ski Jumping

北欧・スカンジナビア地方が発祥のノルディックスキー競技。ジャンプ台から飛び、飛距離を競う。

注目選手

滑空の飛距離は動物界トップクラスの136m！

空飛ぶサルの本気をご覧あれ！

夢に向かってジャンプ

ヒヨケザル

選手プロフィール

滑空　根性
移動　体力
着地

出身地　フィリピン

食生活　ベジタリアン

性格分析　無口で何考えているかわからないタイプ

始めは度胸試しのようなスキーの遊びが発祥だったが、近代スポーツ科学の進展で急速に進化を遂げる。フォームの空力のコンピューターシミュレーションや、ユニフォームの形状、素材まで研究開発されて、飛距離がどんどん上がり、**もはやジャンプではなく〝飛行〟の距離になっている。**そこで注目は、東南アジア出身のヒヨケザル選手。赤道直下で暮らしながらの冬季種目への挑戦、ぜひがんばってほしい。

スクープ！グルメ編

よく食べるのは、若葉だね。栄養のあるおいしい若葉を求めて、高い所にジャンプするようになった。好物は樹液や果汁。切れ目の入った平らなクシ状の下あごの前歯で、こし取って飲む。子どもは、母親のウンチを食べる。母親から、植物を分解するバクテリアをもらうためらしい。

独占スクープ！プライベート編

世界の動物園でも飼育例がほとんど無く、研究者も少ない、謎に包まれたヒヨケザル選手の独占スクープ。

記者談より

動物界でいちばん臆病な性格だと思う。活動はもっぱら夜。昼は木の肌に擬態しているんだ。子育てのときは、皮膜を使ってヤシの実の様な形に化けて枝からぶら下がっているみたいだよ。

練習風景

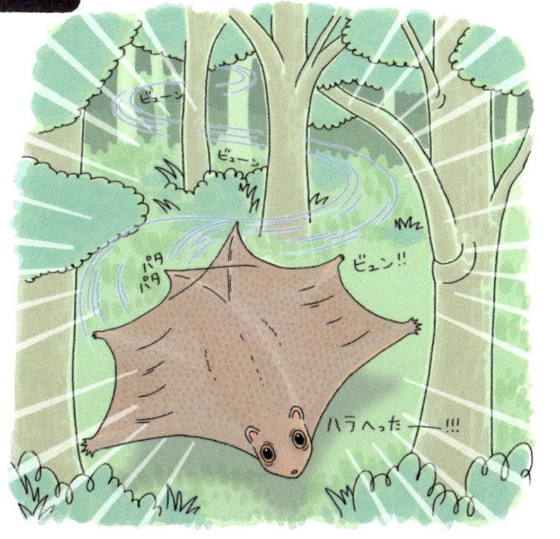
ビューン
ビューン
パタパタ
ビュン!!
ハラへった――!!!

森の中では、木から木へ、縫うように高速で滑空して、若葉や果実を探している。

ほとんど地面におりないため、着地ポーズがとれるかが課題です

熱帯出身のため、寒い地域で実力が出せるかどうかも心配ですね

予想
バツグンの滑空力が自慢 着地できるかが問題

皮翼目のヒヨケザル選手は、謎多き「空飛ぶサル」だ。ネズミの仲間であるムササビやモモンガとは滑空の方法が違う。違いは、大きく2つある。ひとつは尾の飛膜をパタパタ扇いで、前に進む力である「推進力」をつけることができること。もうひとつは、首から腕にかけてある飛膜を上にあげることで、浮きあがる力である「揚力」をつけられることだ。つまり、**より速く、より遠くに飛ぶことができる。**

ヒヨケザル選手の滑空は最高136m飛んだ記録があり、これはラージヒルのK点を優に越える記録だ。課題となるのは着地。普段の生活では、ほとんど地面におりないため、着地ポーズのテレマーク姿勢をうまくとれずに減点になってしまわないかが心配だ。

主な出場選手
◎ヒヨケザル
○トビヘビ
▲トビガエル
△ムササビ
寒いところは、ちょっと勘弁してほしいなぁ
トビガエル
その辺にいるサルと、一緒にしないでくれるかな
ヒヨケザル
滑空だったら、僕にまかせてよ。ひそかに優勝をねらっているんだ
ムササビ
くねくねさせながら、浮きあがる力を作り出しているんだ
トビヘビ

結果

金 ヒヨケザル
銀 ムササビ
銅 モモンガ

たよりなきライバル

ワー
ズザ
K点越え!! ヒヨケザル選手 素晴らしいジャンプを見せました!!
ワー
ワー

やったな! 優勝はいただきだ!!
いや、まだ結果はわかりませんよ。ボクのライバル達が残ってますから!!

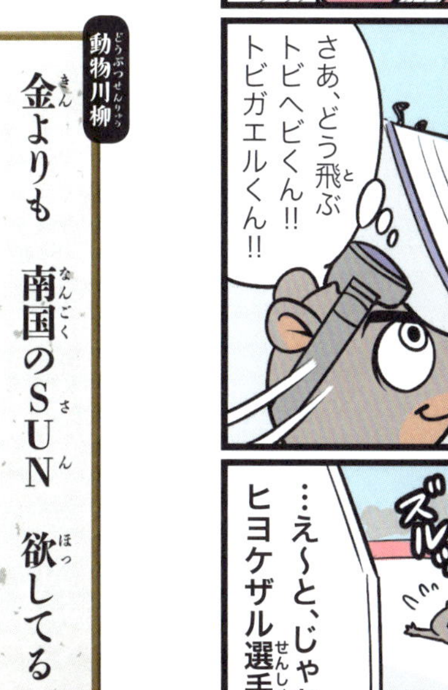

さあ、どう飛ぶ トビヘビくん!! トビガエルくん!!
動物川柳
金よりも 南国のSUN 欲してる

…いやあ… ボクはいいっす
…オイラも棄権で…
寒ーい…
ズルッ
…え〜と、じゃあ…、ヒヨケザル選手の優勝で…
ガチガチ
熱帯出身

もっとこの競技を知ろう！ K点（ここより先キケン）90 mのノーマルヒルと120 mのラージヒルがある。個人の他に、ラージヒル団体、混合種目などの競技がある。近年はK点を越える記録が出ているが、世界初のライト兄弟の飛行機の距離は36.5 m。

冬季競技 | 競技種目

スキー・アルペン

Winter Games | Alpine Skiing

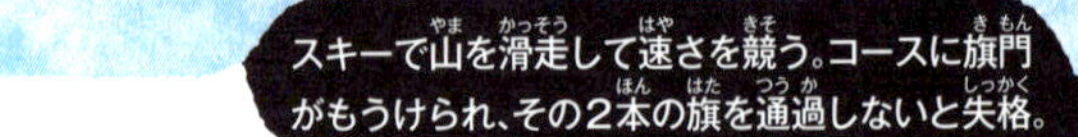

スキーで山を滑走して速さを競う。コースに旗門がもうけられ、その2本の旗を通過しないと失格。

時速70kmの急降下&急ターンで最高の滑走を目指す！

注目選手
逃げの技術を活かして、1位の座はいただきます！

スキーヤーの頂点を奪取！

トウホクノウサギ

選手プロフィール

スキー	■■■■■	根性	■■□□□
速さ	■■■■■	体力	■■■■□
ターン	■■■■■		

出身地 日本（東北）

食生活 ベジタリアン

性格分析 明朗活発でひとり遊びが好き

0～40度の傾斜を組み合わせたコース斜面で、ターンや直滑降の技を混ぜてスピードを競う。高速系競技では時速100kmを超え、転倒すると大ケガをすることも。注目はニホンノウサギの中の東北出身であるトウホクノウサギ選手だ。**雪を知り尽くし、降雪に合わせて毛が雪と同じ白色になる。**ウサギの後ろ足は脚力が強いだけでなく、**スキー板のように接地面が長いので、雪上でも沈まずに動き回れる。**

予想 特性のウェアとバツグンの運動能力が武器

トウホクノウサギ選手は、まずウェアである毛が軽くて柔らかく、運動性能に優れている。そのうえ、保温性が高いので、寒冷地でも筋肉が寒さで収縮しない。また、激しい運動で急激に体温が上がっても、**長い耳で熱を放散して熱中症にならない**。なんと言っても、加速力が驚異的で、雪上でもコンディションが良ければ、**軽く時速70㎞で移動でき**、急ターンも得意。ただし逃げるときは、斜面を下るのではなく、駆けあがる習性がある……。

主な出場選手

◎トウホクノウサギ
○イイズナ
▲シャモア
△ホッキョクギツネ

結果 監督の秘密兵器

今日はお前のために頼もしい助っ人を呼んでおいたぞ
助っ人？誰ですか監督
!
バサァ
わあああぁ
トウホクノウサギ選手、ものすごいスピードだ〜!!
助っ人ちゃう!!天敵やん!!

金 トウホクノウサギ
銀 イイズナ
銅 シャモア

ものすごい秘策で、最大限にポテンシャルを引き出しましたねぇ

これは、ぶっちぎりの1位ですね！

もっとこの競技を知ろう！ 細かくたくさんターンする「回転」、少しスピードを出してターンする「大回転」、かなりスピードを出してターンする「スーパー大回転」、スピード勝負の「滑降」。順に旗門の数が減って、滑る傾斜がきつくなる。アルプスのあるオーストリア、スイスは国技。

冬季競技 | 競技種目

スノーボード

Winter Games | Snowboard

アルペン、フリースタイル、スノーボードクロスなど、速さや技の演技を採点する様々な競技がある。

真っ白な雪の上で真っ黒な出で立ちで大活躍！

注目選手

雪ってテンションあがるよね！

雪の上をこよなく愛する

セッケイカワゲラ

選手プロフィール

滑走	■■■■■	根性	■■□□□
技	■■■■□	体力	■■■□□
耐熱	■□□□□		

出身地 日本

食生活 雪の中の微生物

性格分析 地味にスゴい仕事をこなす

スノーボードは、運動神経はもちろん、雪山をこよなく愛し、地形を知り尽くしている必要がある。また、他の選手に負けないファッションセンスも重要。そこで注目はセッケイカワゲラ選手。真っ白い雪の上で、最も目立つ色、それは「黒」。**全身黒のセッケイカワゲラ選手**は、1㎝ほどだが、雪上でよく目立つ。**2、3月の真冬に元気に走り回っている雪虫**で、ウィンタースポーツも好きなハズ……。

予想

雪山に敵は無し 暑さに弱いのが弱点

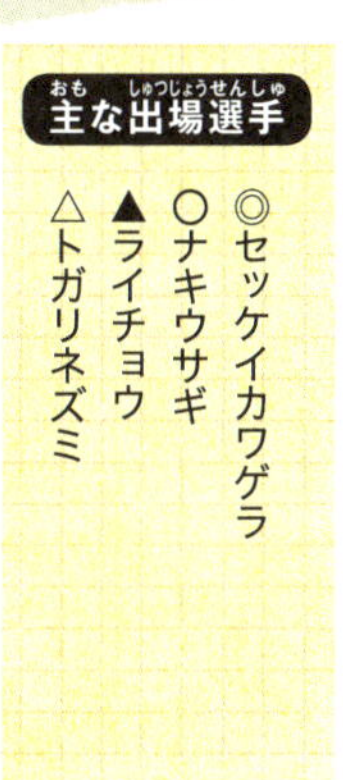
主な出場選手
◎セッケイカワゲラ
○ナキウサギ
▲ライチョウ
△トガリネズミ

セッケイカワゲラ選手は、雪山・雪渓をこよなく愛するが、生まれはなんと川！ カワゲラは水生昆虫なので、**川で幼少期を過ごし、12月にオトナになり、冬山を登っていく**。アスリートとしては最もきついトレーニング方法だ。

羽がなく、体はよく曲がるので、ハーフパイプのエアで難易度の高い技「ダブルコーク1440」もできそうだ。ただし、**マイナス10～10℃の範囲しか活動できず**、それ以上暑くなると失神してしまう。

結果

金 セッケイカワゲラ
銀 ナキウサギ
銅 ライチョウ

アツい握手

セッケイガワラ選手、華麗に宙を舞う～!!
Yeah!
ノーミス演技で余裕の金メダル～!!

お前の滑り、アツかったぜ!!
Yo!
スッ
ぐっ

え？ちょっと!! 俺ってそんなにアツいかな!?
ぐったり
体温20℃で死にます

表彰台のセッケイカワゲラ選手、ぐったりしていますね？

まさかのご臨終ですか!?

もっとこの競技を知ろう！ ハーフパイプやパラレル大回転、スノーボードクロス、スロープスタイル、ビッグエアなど、オリンピックでは5種類の競技が行われる。

冬季競技 | 競技種目

スケルトン・リュージュ・ボブスレー

Winter Games | Skeleton /Luge/ Bobsleigh

小さなソリで、坂のコースを滑走し、合計タイムで速さを競う。

歩くのは遅いが 腹を使えば超高速滑走！

注目選手
子どもたちに食べ物をとどけるのよ〜

ぶっちぎりの高速特急

コウテイペンギン

選手プロフィール

滑走	■■■■■	根性	■■□□□
速さ	■■■■■	体力	■■■□□
頑丈さ	■■■□□		

出身地　南極

食生活　魚ばっかり

性格分析　スゴいことをしている自覚が無いタイプ

ソリを使う競技は、氷の上の活動が得意で、ソリを押し出せるかどうかが重要。注目は、コウテイペンギン選手。足が短いと思われがちのペンギンだが、実は体育座りのような姿勢で、足が短いわけではない（一生伸ばすことはないが……）。足に**鋭い爪があるので、氷にひっかけて踏ん張る**ことはできる。**フリッパー（翼）は鉄板並みに硬いので、ソリを押し出したり、氷をかいて勢いをつけたりする動作に使えるだろう。**

予想

ソリの操作はお手のもの 体重量が勝負の決め手

この競技は、体重が重い方が速度が増すので有利とされている。**コウテイペンギンは現生のペンギン最大種**で、全長130cm・体重45kg。移動する際は、歩くのが遅いので、**お腹を地面の氷雪につけて滑るように進む**が、この動作がソリに乗ったときの重心移動の使い方に通じるため、日常で訓練されていると言える。

冬季大会の頃、オスは子育て（抱卵）のために、2ケ月以上飲まず食わずの状態で激ヤセし、遠洋に食事に行っており、出場は難しいだろう。

主な出場選手

◎コウテイペンギン
○ゾウアザラシ
▲ジャコウウシ
△バイソン

結果

子どもにご飯を！

さあスケルトンに新星登場!!
シャアアア
コウテイペンギン選手です
ゴ〜ル!! これはすごいタイム!!
シャー
大会新記録で金メダル〜!!
ジャマジャマ!! どいて
ペタ
ペタ
おめでと〜
おまたせ!!
うるさいわねえ 一体なんのさわぎ?
通りすがりのおばちゃんだった

金 コウテイペンギン
銀 ゾウアザラシ
銅 ジャコウウシ

お腹にため込んだ魚の重さが、ソリの加速につながりました〜

特別参加枠で、コウテイペンギン選手、金メダル確定しました

もっとこの競技を知ろう！ スケルトン・リュージュ・ボブスレーはソリの形の他に、次のような違いがある。スケルトンは1人乗りでうつ伏せ、リュージュは1人か2人乗りで仰向け、ボブスレーは2人か4人乗りで座席に座る、など。

冬季競技 | 競技種目

バイアスロン

Winter Games | Biathlon

クロスカントリースキーとライフル射撃を組み合わせた競技。当初は、軍事偵察力を競う目的だった。

狙った獲物を逃さない 執念と体力で挑む!

注目選手
狙うの大好き♥ お腹すいてなくてもね……
1

ハンターの資質はトップレベル

ヒョウアザラシ

選手プロフィール

スキー	■■■□□	執念	■■■■■
射撃	■■■■□	体力	■■■■■
頑丈さ	■■■■■		

出身地 南極

食生活 お肉ばっかり

性格分析 誰にでもからむタイプ

銃やスキーという文明の用具を使うが、自然環境を読み、獲物を仕留めるという、雪上で最も動物的な感性が求められる競技。**射撃は呼吸法が重要で、自分の心臓の鼓動や脈拍の動きで的を外してしまうほど繊細なもの。**期待の選手は、ヒョウアザラシ。一般的にアザラシの仲間は、温和なものが多いが、ヒョウアザラシ選手は唯一**“人食いアザラシ”と呼ばれるほど冷酷無比なハンター**だ。

予想

水陸自在に動ける第一級のスナイパー

ヒョウアザラシ選手は、ナンキョクアザラシ族では最大種、単独行動派で泳ぎが抜群にうまく、**ゴジラのような巨大な口で、アザラシからペンギンまでなんでも食べる。**敵の弱点を見ぬく集中力は第一級スナイパーだ。

普通のアザラシは陸での移動が苦手だが、ヒョウアザラシは別。かつて南極越冬隊がかなりの距離を追い回された記録が残るほど、**スタミナ、運動能力は陸でも高い。**飽きっぽいところもあり、性格にムラがあるのが難点。

主な出場選手

◎ヒョウアザラシ
○ユキヒョウ
▲ジャッカル
△キタキツネ

結果

勝手にバトルロワイアル

ターゲット発見
いただきだ

金 ユキヒョウ
銀 ジャッカル
銅 キタキツネ

パン
きゃっ

チッ
外したか…昼飯にしようと思ったのに…
コラコラ!
そういう競技じゃねーよ!

勝手にハンティングを始めて、失格です

競技中、お腹がすいたのかもしれませんね

もっとこの競技を知ろう！ スプリント(男子10km、女子7.5km)・インディビデュアル(男子20km、女子15km)・などの競技があり、スキーで移動するとともに、伏せた状態と立った状態で射撃する。軍人、警察官などの競技者が多い。

動物たちのパラリンピック

動物たちの中にも障害を持ちながらもたくましく生きるものたちがいます。彼らは厳しい自然の中で、どのように暮らしているのでしょうか？

野生動物の中にも障害を持つものがいる

野生動物に身体障害者はいるのでしょうか？　もちろんいます。理由は様々で、先天的な病気のものもいれば、崖から落ちたりする事故や、天敵に襲われたときの大ケガが原因で、体が不自由になるものもいます。

実際に、山の中などで足が1本ないイノシシや片眼のシカを見ることがあります。厳しい自然の中で生き延びるのは難しいのではと思いきや、重いハンディがあるにもかかわらず、ほかの仲間とかわらず、たくましく生きています。

イノシシ

一見元気そうでも実は病気やケガを隠してる

動物園では、動物が寿命で死んだ後は、解剖していろいろなことを調べます。すると、見た目では気がつかなかった、病気やケガの痕がたくさん見つかることがあります。動物は、自分の弱い部分を敵やライバル、そして家族にも見つからないように隠しておくのがうまいのです。こんな体でよくこれまでがんばっていたなぁ、と思うことがたくさんあります。

あきらめない気持ちは、我々が忘れかけている大切なことかもしれません。不自由でも身を守る方法や、ひとりでエサを食べられる工夫をして、必至に生き抜いているのです。

群れの中で支え合う野生動物たち

自然の中では実際に、生まれながらに腕のないニホンザル、背骨が直角に曲がったシャチ、ワニに鼻を食べられたアフリカゾウなど、障害を持った様々な野生動物たちが、無事に大きく成長できている例が見つかっています。

群れの中で生きるのは、本人の努力なしには始まりませんが、仲間がハンディを持っていることに寛容であったり、協力的であったりすることが大事なカギとなります。そんな野生動物たちのように、みなさんは一人の仲間のために、歩くスピードをゆるめてあげることはできますか？

さて、人間のスポーツの世界に、そのヒントがあります。スポーツには、闘いという攻撃行動であるにもかかわらず、勝者を讃えたり、ライバルとの絆を深めたりする不思議な力があります。加えてハンディを持った人を認め合ったり、気持ちを分かち合う力があることも近年わかってきました。厳しさの中に優しさがあるスポーツと、野生動物たちの寛容性にどこか共通点を感じます。

群れの中で生きていくのは大変なこと。でも、群れの良さもあるよ

プロングホーン

ゆっくり、のんびり、争わないがモットー

ジャイアントパンダ

私は、動きはゆっくりですけど、1日葉っぱ1、2枚で暮らせますよ。エコな生物でしょ

私の武器はかわいさかな。エサを与えたくなるでしょ。いろいろなところに、動物のすごさがありますね

さくいん

た

な

は

著者紹介

新宅広二

1968年生まれ。専門は動物行動学と教育工学で、大学院修了後、上野動物園、多摩動物公園勤務。その後、国内外のフィールドワークを含め400種類以上の野生動物の生態や飼育方法を修得。狩猟免許も持つ。大学で20年以上教鞭をとる。監修業では国内外のネイチャー・ドキュメンタリー映画や科学番組など300作品以上てがけるほか、動物園・水族館・博物館のプロデュースも行っている。著書は動物図鑑の執筆・監修など多数。

イラスト　イケガメシノ
（ドウブツスポーツ新聞、注目選手、練習風景、どうぶつサッカーワールドカップの扉、どうぶつWBCの扉）
イシダコウ
（マンガ、主な出場選手＆コラム挿絵、どうぶつサッカーワールドカップのチーム、どうぶつWBCのチーム）

デザイン　髙垣智彦（かわうそ部長）

DTP　株式会社センターメディア

編集　高橋淳二・野口武（JET）

校正　くすのき舎

企画・進行　木村俊介・中嶋仁美（辰巳出版）

すごいぜ!! 動物スポーツ選手権

2018年10月1日　初版第1刷発行

著　者　新宅広二
発行人　廣瀬和二
発行所　辰巳出版株式会社
〒160−0022
東京都新宿区新宿2−15−14　辰巳ビル
電話 03-5360-8956（編集部）
03-5360-8064（販売部）
http://www.TG-NET.co.jp

印刷・製本　大日本印刷株式会社

本書へのご感想をお寄せください。また、内容に関するお問い合わせは、お手紙かメール（otayori@tatsumi-publishing.co.jp）にて承ります。恐縮ですが、電話でのお問い合わせはご遠慮ください。

ISBN 978-4-7778-2183-9　C8045